Deutschland- deine Forscher

H. GÜNTHEROTH / P. SANDMEYER

Deutschland – deine Forscher

Wege in die Zukunft – zwischen Hoffnung und Horror

Herausgeber:
Heiner Bremer, Michael Jürgs, Klaus Liedtke

Programmleitung und Lektorat:
Dr. Manfred Leier

Graphische Gestaltung:
Dietmar Meyer, Ekkhart Blunck

Produktion:
Bernd Bartmann, Druckzentrale G + J

Druck:
Neef, Wittingen

1. Auflage 1987
ISBN 3-570-07960-0

INHALTSVERZEICHNIS

Gerühmt, gefragt, geschmäht *6*
Deutsche Forscher suchen verantwortbare Wege in die Zukunft

„Opas Fabrik ist tot" *24*
Günter Spur arbeitet an der Fabrik von morgen

Die Jagd nach den Geisterteilchen *46*
Kernphysiker Till Kirsten untersucht die „Neutrinos", von der Sonne ausgesendete Elementarteilchen

Das geheimnisvolle Labyrinth *74*
Reinhard Horowski erforscht die Manipulierbarkeit des menschlichen Gehirns

Auf dem Weg zur perfekten Pflanze *100*
Genetiker Heinz Saedler untersucht die Voraussetzungen für die ideale Nutzpflanze

„Die Zukunft liegt im All" *126*
Der Gießerei-Experte Peter R. Sahm ist Deutschlands Wegbereiter in den Weltraum

Der Kampf gegen den Killer *154*
Krebsforscher Volker Schirrmacher will das Immunsystem so stärken, daß es die Tumor-Krankheit besiegen kann

„Spitzenforscher kann man nicht züchten" *178*
Nobelpreisträger Ernst Ruska, Erfinder des Elektronenmikroskops, zieht Bilanz

Anhang *189*
Die Etats, die Arbeitsplätze, die Ziele bundesdeutscher Forschung

Der deutsche Physiker Gerd Binning und sein Schweizer Kollege Heinrich Rohrer neben dem Raster-Tunnel-Mikroskop. Für dieses Gerät, das exakte Untersuchungen von Materie-Oberflächen ermöglicht, erhielten die beiden Wissenschaftler 1986 den Nobelpreis

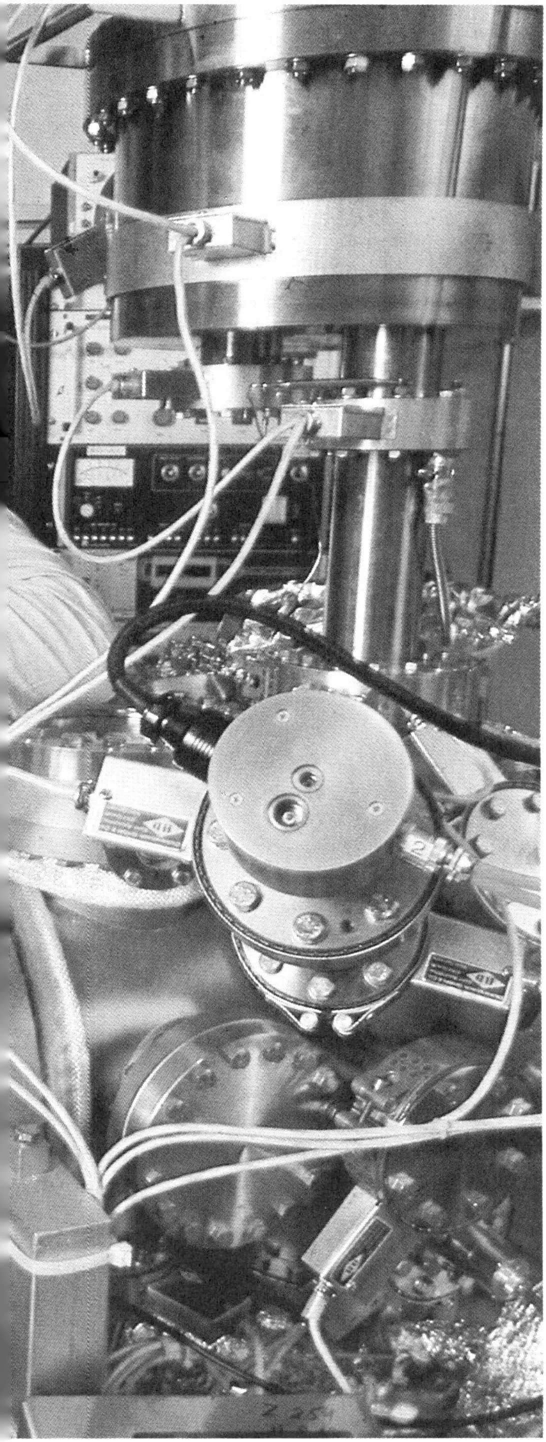

Gerühmt, gefragt, geschmäht

DEUTSCHE FORSCHER suchen verantwortbare Wege in die Zukunft

Gerühmt, gefragt, geschmäht

Der alte Mann hat Mühe, den Kopf zu beugen, als der junge Monarch ihm die Goldmedaille überreicht. Sechseinhalb Zentimeter im Durchmesser mißt sie und zeigt das Bildnis von Alfred Nobel. Ein großer Augenblick: Ein König krönt ein Forscherleben. Ernst Ruska empfängt am 10. Dezember 1986 aus den Händen Carl Gustafs von Schweden den Nobelpreis. Neben spätem Ruhm bringt er dem Geehrten auch Bares ein: fast 300 000 Mark. Das ist heute noch viel Geld für den 80jährigen, dessen Wohnung in der stillen Berliner Max-Eyth-Straße nicht von Reichtum zeugt.

Vor einem halben Jahrhundert wäre Ernst Ruska nie auf den Gedanken gekommen, jemals über eine solche Summe zu verfügen. Da war der frischgebackene Dipl.-Ing. schon froh, daß er „wenigstens einen unbezahlten Arbeitsplatz im Institut behalten und die begonnenen Experimente fortsetzen konnte".

Am 13. April 1932 saß der schmale junge Mann in der Technischen Hochschule Berlin und rechnete: Zwei Entladungsröhren zu 40 Mark, ein Lufteinlaßventil zu 35 Mark, ein Objektträger, ebenfalls zu 35 Mark. Auf dreizehn Einzelposten und Gesamtkosten von 2155 Mark kam der Rechner am Ende seiner Kalkulation. Dafür wollte er ein Instrument bauen, das „Elektronenmikroskop" heißen und neue, ungeahnte Einblicke in die Welt des Allerkleinsten eröffnen sollte. Sein Trick besteht aus magnetischen Linsen, durch die mit Elektronen bestrahlte winzige Gegenstände wie Bakterien oder Fliegenbeine genauer sichtbar werden als durch das herkömmliche Lichtmikroskop.

Heute ist diese Errungenschaft aus den Labors der Biologen, Chemiker, Mediziner und Techniker nicht mehr wegzudenken, damals aber wollte sie keiner haben. Drei Jahre lang reiste Ruska als Prophet durchs eigene Land, hielt Vorträge, schrieb Bettelbriefe und versuchte, Professoren und Direktoren vom Nutzen seiner Erfindung zu überzeugen. Vergebens.

Vom Kaiser-Wilhelm-Institut in Berlin bis zu Krupp in Essen – Achselzucken, Absagen, Bedenken. Erst im Januar 1937 fand sich die Berliner Firma „Siemens & Halske" bereit, Ernst Ruska anzustellen und die weitere Entwicklung seiner Erfindung zu finanzieren.

Die Vorgeschichte eines deutschen Nobelpreises – ein Armutszeugnis. Heute dagegen klingen die Daten der aktuellen Forschungsförderung so stolz wie die Erfolgsbilanz von Ressortminister Heinz Riesenhuber: „Deutsche Forschung ist wieder Spitze." Ist sie es? Wissenschaftliche Spitzenleistungen, so definierte der frühere Präsident der Deutschen Forschungsgemeinschaft Heinz Maier-Leibnitz, beweise sich durch bahnbrechende Erkenntnisse, die wiederum neue Forschungsgebiete eröffnen. Ansätze zu solchen Erkenntnissen gibt es in deutschen Laboratorien viele. Zum Beispiel die Untersuchung der Sonne anhand ihrer Neutrino-Elementarteilchen, die in diesem Buch beschrieben wird. Ob der Heidelberger Physiker Till Kirsten dafür aber je den Nobelpreis bekommen wird, ist völlig ungewiß. Wie jede Grundlagenforschung birgt auch sein Neutrino-Experiment die Möglichkeit des Scheiterns. Forschungs-Institute sind keine Großbäckereien, aus denen – wenn man nur genügend Mehl und Manpower einspeist – die bahnbrechenden Erkenntnisse herauspurzeln wie die warmen Semmeln. Nobelpreis-Statistiken taugen nur bedingt als Ausweis für nationale Forschungsqualitäten.

Skepsis ist auch gegenüber den Selbsteinschätzungen der Wissenschaftler angebracht. Keine Ansicht, die sie nicht bestätigen könnten. Das Lob auf's hohe Leistungs-Niveau hallt aus den Reihen der Forscher ebenso wider wie die Klage über Mittelmäßigkeit und egalitäre Tendenzen. Jammer über zu viele Lehrverpflichtungen, unter denen die Forschung leide, erfüllt den einen Professor; der andere schätzt gerade solchen Dauer-Kontakt mit seinen Studenten als Jungbrunnen. Über bürokratische Gängelung stöhnen Forscher an Hochschulen häufig und mit guten Gründen, kaum aber die Wissenschaftler der Max-Planck- und der Fraunhofer-Gesellschaft. Der eine kreative Kopf braucht für Spitzenleistungen den Freiraum zur beliebigen Verwendung; der andere liebt den Leistungsdruck nach amerikanischem Vorbild, wo jede Finanzierung eines Projektes von einer begleitenden Veröffentlichungsflut abhängig ist.

Bei der Deutschen Forschungsgemeinschaft hat Kassandra Konjunktur. DFG-Präsident Hubert Markl sieht den wissenschaftlichen Standard der Nation eher auf der Talsohle als dem Gipfel. Nur jeder sechste bis siebente der jährlich eintausend Habilitierten habe die Chance, auf eine Professoren-Stelle berufen zu werden. Die „Erneuerungsrate" der Professorenschaft sei so niedrig wie die für 1987 vorgesehene Etat-Erhöhung von 3,5 Prozent, die schon von den absehbaren Gehaltserhöhungen aufgefressen werde. Fazit: Die Ausgabensperre im öffentlichen Dienst treffe die Hochschulen unverhältnismäßig hart – zum Schaden der Nation. Doch Forschungsminister Riesenhuber präsentiert da ganz andere Zahlen. Rein theoretisch könnten heute jeweils sieben Bundesbürger einem brotlosen Ernst Ruska dessen bahnbrechende Entwicklung aus der eigenen Tasche spendieren. Mit rund 330 Mark pro Jahr finanziert jeder Steuerzahler laut Statistik die Forscher im Lande. Das addiert sich zu satten 20 Milliarden Mark, zehnmal soviel wie Kunst und Kultur aus der öffentlichen Hand entgegennehmen dürfen. Anderthalbmal soviel geben zusätzlich Wirtschaft und Industrie für ihre Forschungsabteilungen aus. Insgesamt ist der Nation ihre Wissenschaft jährlich 52 Milliarden Mark wert, dreimal soviel wie 1960. Das ist tatsächlich Spitze. Nur in den USA sind die Forschungsaufwendungen pro Kopf noch höher.

Den Löwenanteil kassieren Naturwissenschaftler und Techniker. Sie gebieten über die größten Max-Planck-Institute, die stolzesten Niederlassungen der Fraunhofer-Gesellschaft, die am besten ausgerüsteten Universitätslabors, über die gigantischsten Forschungsabteilungen der Industrie. Bei ihnen wird nicht gespart. Denn von ihnen wird erwartet, daß sich ihre Arbeit umsetzt in Sozialprodukt, Wettbewerbsfähigkeit, Exportchancen, Lebensqualität – kurz Fortschritt.

Klagelieder und Bitten um Almosen kommen eher aus den grauen Gründerzeit-Villen, in denen auch noch heute die Geistes- und Gesellschaftswissenschaftler arbeiten. Der Naturwissenschaftler spricht nicht über Geld – er hat es.

Als der Göttinger Physiker Fritz Peter Schäfer für die laufende Entwicklungsarbeit an einem neuen Laser-Modell zwei zusätzliche Millionen brauchte und die Max-Planck-Gesellschaft die Summe nicht gleich flüssig hatte, da half schnell und unbürokratisch Riesenhubers Forschungsministerium aus. Etwas komplizierter gestaltete sich die Geld-Akquisition, als der Heidelberger Kernphysiker Till Kirsten volle 50 Millionen für sein großes Grundlagenexperiment auf dem Gebiet der Elementarteilchenforschung benötigte. Doch nach fünf Jahren war auch dieses Geld beisammen, der Versuch ist angelaufen.

„Ich kann machen, was ich will", bekennt ein anderer deutscher Spitzenphysiker, Gerd Binnig, der zusammen mit seinem Schweizer Kollegen Heinrich Rohrer die zweite Hälfte des Physik-Nobelpreises 1986 bekam. In den IBM-Labors bei Zürich ertüftelte das Duo einen neuen Augenöffner in die Welt der Winzigkeiten: das „Raster-Tunnel-Mikroskop". Wie manche scheinbar komplizierte technologische Innovation ist das neue Mikroskop im Prinzip ganz einfach. Sein wichtigstes Teil ist eine Nadel, deren Spitze aus einem einzigen Atom besteht. Sie wird in extrem geringem Abstand über eine Oberfläche geführt und ermöglicht durch eine angelegte elektrische Spannung zwischen Nadelspitze und Oberfläche einen Elektronenfluß, der dann gemessen werden kann. So war es zum ersten Mal möglich, die atomare Struktur der Oberfläche von Gold, Nickel oder anderen Metallen zu sehen.

Seine Firma läßt Binnig jede Freiheit. „Wenn ich heute das Gefühl habe, mich interessiert ein ganz neues Forschungsprojekt, dann fange ich einfach damit an", sagt der 39jährige.

Die großzügige Ausstattung der erfindungsreichen Herren in den Laboratorien zahlt sich aus. Die Bilanz der Wettbewerbsfähigkeit deutscher Spitzentechnologie ist beeindrukkend. Ihr Ansehen auf dem Weltmarkt ist noch immer der genaueste Indikator dafür, was deutsche Forschung taugt. Besonders gut bestehen dort ihre Resultate in folgenden Bereichen:

– Geräte und Einrichtungen der Elektrizitätsverteilung
– Meß-, Steuer- und Regelungstechnik
– Optische Instrumente

– Pflanzenschutzmittel und pharmazeutische Produkte
– Maschinenbau
– Elektrotechnische Produkte wie Fernsehgeräte, medizinische Apparate, Haushaltsgeräte
– Automobile
– Feinmechanik und Optik
– Farb- und Kunststoffe.

Schlechter sieht die Bilanz aus für Datenverarbeitungsanlagen, elektronische Bauelemente, Nachrichtentechnik und Büromaschinen. Besonders beklemmend: der deutsche Rückstand bei Computern. In der Entwicklung von Mikrochips und neuen Halbleiter-Materialien liegen die Deutschen im Rennen mit den Japanern und Amerikanern weit abgeschlagen zurück. Auch Großrechner sind nicht „made in Germany". Und die Forschungen zwischen Flensburg und Füssen zur „Künstlichen Intelligenz" genießen allenfalls provinziellen Ruhm. Heinz Riesenhuber hat die Lücke erkannt und zur Aufhol-Jagd geblasen. Mit Milliarden-Aufwand und einem riesigen Forschungs-Verbund-Institut in Freiburg soll der Anschluß an die internationalen Spitzen-Standards bis 1990 erzwungen werden.

Auch extraterrestrisch entwickelt der Minister beträchtlichen Ehrgeiz. Der deutsche Höhenflug ins All wird allein bis zum Jahr 2000 mindestens 16 Milliarden Mark kosten. Erderkundungs-Satelliten, Telekommunikations-Trabanten, ein Orbit-Labor und der Raumgleiter „Hermes" sollen Deutschland an die Seite der beiden weltraumfahrenden Großmächte katapultieren und nebenher den erdnahen Raum der kommerziellen Nutzung erschließen. Peter Rudolf Sahm, der wissenschaftliche Leiter der deutschen Weltraum-Missionen sieht schon in naher Zukunft Fabriken durch das All schweben und Mond und Mars von Menschen besiedelt. Es bleibt offen, ob bei allem Forschungsaufwand für die Verwirklichung solcher Visionen am Ende mehr herauskommen wird als bei den seit vierzig Jahren stetig erneuerten Bekräftigungen, die Physiker würden binnen kurzem die Kernfusion beherrschen. Diese Lösung der Energieprobleme läßt immer noch auf sich warten wie Godot.

Vielleicht wird der Aufstieg ins All eines Tages auch als Ausstieg aus der Erde attraktiv. Wer die Bilanzen aus dem Bonner Forschungs-Ministerium liest, findet unter den Erfolgs-Hits deutscher Spitzentechnologie ein halbes Jahr nach Tschernobyl noch immer den Posten: „Kernreaktoren". Auch mit Top-Technologie und Spitzenforschung kann man die Zukunft verbauen. Wer bei der Expedition in die Welt von morgen das Bruttosozialprodukt als einzigen Kompaß benutzt, wird nicht auf glücklichen Inseln landen, sondern in jener „Selbstmordstadt", deren tristes Leben Robert Louis Stevenson schon vor hundert Jahren in einer Alptraum-Vision beschrieb.

Nicht nur das, was geschieht, bestimmt die Welt der Zukunft, sondern auch, was unterbleibt. Die Experten rechnen, daß Entwicklung und Markteinführung einer neuen Energieform ungefähr ein halbes Jahrhundert dauern. Für ebenso lange reichen noch die Vorräte der beiden wichtigen Brennstoffe Öl und Erdgas. Höchste Zeit also, für Ersatz zu sorgen, wenn die Nation nicht völlig der sozial unverträglichen Atomkraft ausgeliefert werden soll. Genau das wird aber von einer mächtigen Wirtschafts-Lobby gewünscht und von Politikern ausgeführt. Sieben Milliarden Mark für den nuklearen „Schnellen Brüter" in Kalkar, aber kaum mehr als ein Trinkgeld für die Entwicklung der bedeutenderen – weil unbegrenzten und umweltverträglichen – Wasserstoff-Energie.

Wasser gibt es auf der Erde in unerschöpflicher Menge. Mit Hilfe von simpler Sonnenkraft kann dieser Grundstoff in seine beiden Bestandteile Wasserstoff und Sauerstoff zerlegt werden – zwei Gase, von denen das zweite „Abfall", das erste aber ein hochwertiger Brennstoff ist. Der läßt sich speichern, transportieren und dann in Herden und Heizungen, Automotoren und Flugzeugtriebwerken verbrennen. Der einzige Abfall, der entsteht, ist wieder Wasser – ein ökologischer Traum. Minister Riesenhuber hat aber andere Träume. Ein schlimmes Defizit deutscher Forschungs-Förderung.

Zum geringsten Teil wird wohl die Welt von morgen Resultat von planvoller Forschung und abwägendem Handeln sein. Auch Unterlassungen prägen sie, Zufallsentdeckungen und nicht zuletzt der Erfolg auf dem Markt der Verkäuflichkeiten. Vor allem Grundlagenforscher erleben immer wieder staunend und manchmal mit Schaudern, was dabei aus ihren Entdeckungen wird. Auch Nobelpreisträger Gerd Binnig zuckte zusammen, als er begriff, daß sich mit seinem Raster-Tunnel-Mikroskop nicht nur die optische Opulenz eines Silicium-Atoms studieren ließ, sondern auch die molekulare Zusammensetzung der Erbsubstanz DNS. Auf Studieren, weiß er, folgt Manipulieren. Plötzlich kam sich der junge Nobelpreisträger wie Frankensteins Komplize vor.

Spätestens seit Otto Hahn und Fritz Straßmann 1938 aus Versehen entdeckten, daß Atome sich spalten lassen und dabei Energie freisetzen, erhielten Forscher immer wieder kollegiale Grüße vom Zauberlehrling. Denn der Fortschritt kann nicht stehenbleiben. Ob er aber noch viel Positives bewirkt, ist fragwürdig geworden, seit alte Zuversicht sich zur radioaktiven Wolke verflüchtigte oder auf dem Abfallplatz für Sondermüll deponiert wurde. Wer sich gestern noch als strahlender Gewinner des Fortschritts fühlte, muß heute unter die Dekontaminierungs-Dusche. In den Szenarios überlagern sich Hoffnungsbilder mit Horrorvisionen. Die

Zukunft hält sich ganz gewiß nicht ans Vermummungsverbot. Und sie wird auch nicht weiblich sein, wie es die Feministinnen so gern hätten. Unter den 188 Direktoren der Max-Planck-Gesellschaft sind jedenfalls nur zwei Frauen. In der naturwissenschaftlichen Sektion ist es eine.

Deutsche Forschung ist männlich und potent – und mißtraut sich oft selbst. „Ich habe manchmal Angst vor dem, was wir machen", gesteht der Berliner Gehirnforscher Reinhard Horowski, der für neue Schering-Arzneimittel die chemische Manipulierbarkeit des Kopf-Inneren untersucht. Der Wissenschaftler ist schon dankbar dafür, daß ihm wenigstens das schlimme ethische Problem erspart bleibt, mit dem sich andere Fach-Kollegen herumquälen: der Ersatz lädierter Gehirn-Teile durch Transplantation von Zellen aus dem Kopf eines Embryos. Zu verantworten oder nicht? Schon bald wird das junge Forschungsgebiet der Neurowissenschaften Politiker und Öffentlichkeit so in Atem halten wie heute die Debatte über Retorten-Babys oder Embryo-Transfer. Und es darf bezweifelt werden, daß deutscher Ehrgeiz nach Spitzenleistungen auf diesem Forschungs-Sektor besonders wünschenswert ist.

Wie schnell gerade die Bio-Forschung heute in die Unverantwortlichkeit umkippt, hat kürzlich der Fall des französischen Biologen Jacques Testart demonstriert. Die Koryphäe, in deren Labors die ersten französischen Retorten-Babys entstanden, zog aus der Möglichkeit, die Identität eines befruchteten Eis zu ändern, die Konsequenz und kündigte das Ende der Forschungsarbeit an. „Ich plädiere heute für eine Logik der Nicht-Erfindung, für eine Ethik des Nicht-Fortschritts", begründete der Aussteiger den wissenschaftlichen Selbstmord.

Eine der größten Erkenntnis-Herausforderungen an die Bio-Wissenschaften ist gegenwärtig die genaue Kartogra-

phie der Gene von Pflanze, Tier und Mensch. Wie ein solcher „Gen-Atlas" dann aber in der Anwendung mißbraucht werden kann, machte schon 1970 Professor Glass von der „American Association for the Advancement of Science" in aller Unschuld deutlich: „Kein Elternpaar wird in Zukunft das Recht haben, die Gesellschaft mit einem mißgestalteten oder geistig inkompetenten Kind zu belasten."
Deutsche Forscher haben in den Bio-Wissenschaften eine Spitzenstellung – in harmloseren Bereichen. Die Pflanzen-Genetiker am Kölner Max-Planck-Institut für Züchtungsforschung beispielsweise gehören zu den Hätschelkindern der Forschungs-Förderung, und sie erfüllen die öffentlichen Erwartungen mit Spitzenergebnissen und Weltruhm. Obwohl sie „nur" Grundlagenforscher sind, wissen sie genau, daß sie ihre Unschuld längst verloren haben. Ihre Ergebnisse werden die Pflanzenproduktion vollständig verändern. Aus Landwirtschaft wird Hochtechnologie – mit neuen Chancen und neuen Mißbrauchsmöglichkeiten. Nicht nur gegen Frost und Dürre werden sich beispielsweise Getreide oder Kartoffeln durch die Techniken der Gen-Manipulation resistent machen lassen, sondern auch gegen neuartige Totalvernichter aus den Labors der Agrar-Industrie. Die chemische Kriegführung auf den Feldern kann noch perfekter weitergehen. Saatgut und Ackergift bezieht der Agrartechniker der Zukunft gleich in der praktischen Kombi-Packung.
Hätte der Direktor des amerikanischen Patentamtes recht behalten sollen, als er im Jahre 1899 dem damaligen Präsidenten William McKinley vorschlug, die Behörde aufzulösen, weil bereits alles erfunden sei, was zu erfinden sich lohne? Die Menschheit müßte heute ohne Penicillin und Flugzeug auskommen, hätte aber Hiroshima nicht erlebt und dürfte aus dem Rhein bedenkenlos trinken.

„Ich könnte kein Buch schreiben mit dem Titel ‚Prinzip Hoffnung'", sagt denn auch Nobelpreisträger Ernst Ruska und weiß nicht mal mehr, ob er sich darüber freuen soll, wenn einer der Enkel Naturwissenschaftler werden will. Immer unüberschaubarer kommen ihm die Folgen vor, die eine Entdeckung nach sich zieht. Es beunruhigt ihn, daß Forscher sich heute Fragen gefallen lassen müssen, wie man sie früher Giftmischern stellte.

Wenige finden auf solche Fragen noch so leicht eine positive Antwort wie jene Forscher, die heilen helfen. Doch sogar bei ihnen ist viel alter Optimismus weg. Als vor zwanzig Jahren das „Deutsche Krebsforschungszentrum" in Heidelberg mit gewaltigem Kostenaufwand aus dem Boden gestampft wurde, da war keine Errungenschaft der High-Tech-Medizin zu teuer – Ausdruck der Hoffnung, die Killer-Krankheit in einer großen Materialschlacht bezwingen zu können. Die Hoffnung bröckelte. „Mit Geld", sagt Volker Schirrmacher, einer der führenden Forscher des Institutes, „kann man auf den Mond fliegen, aber nicht über den Krebs siegen." Dennoch ist der Biochemiker zuversichtlich. Er leitet eine immunologische Forschungsabteilung und erwartet die Wende in der Krebstherapie nicht mehr von medizinischer Großmaschinerie, sondern von einer Aktivierung des körpereigenen Abwehr-Systems.

Der Organismus soll lernen, selber mit den Tumorzellen fertig zu werden.

Auch für den Göttinger Physiker Fritz Peter Schäfer ist noch glasklar, wo der Fortschritt lang geht. Als Kind starrte der heute 55jährige mit brennenden Augen den wenigen Flugzeugen hinterher, die sich in den Luftraum über Bad Hersfeld verirrten – wenn ihn heute die Winter-Depression anfällt, setzt sich der Viel-Flieger in den Jumbo, seinen mobilen Text-Computer im Gepäck, und führt den theoretischen

Teil seiner Forschungen zum Röntgen-Laser am Strand der Malediven fort. „Ein bißchen schreiben, ein bißchen schnorcheln – wunderbar."

Daheim im Max-Planck-Institut für Biophysikalische Chemie geht's ungemütlicher zu: doppelte Stahltüren, Monitorüberwachung des Flures, Bewaffnete vor dem Fenster. Seitdem sein Name auf einer Kandidaten-Liste der RAF entdeckt wurde, residiert er wie ein Mafia-Richter in Palermo. Die terroristische Gehirndürftigkeit, so vermutet er, gebar die These: „SDI gleich Röntgen-Laser, Röntgen-Laser gleich Schäfer, also: Schäfer gleich SDI." Dabei sei er erstens generell gegen die amerikanischen Pläne zum Krieg der Sterne. Und zweitens sei sein Röntgen-Laser der geplanten US-Weltraumwaffe – die mit Atombomben gezündet werden muß – so ähnlich wie ein Rettungshubschrauber einem Phantom-Jäger. Statt Vernichtung bringe sein Laser der Menschheit nur Gutes: Das Gerät soll Röntgenblitze von einigen Milliardstel einer milliardstel Sekunde Dauer erzeugen, in dem Licht nur noch den Weg einiger millionstel Millimeter zurücklegt – völlig neue Einblicke in biologische Moleküle werden dadurch möglich.

Daß solcher Erkenntnisfortschritt nicht wissenschaftliches L'art pour l'art ist, hat der Physiker schon am Beispiel seines Farbstoff-Lasers bewiesen. Zwei Diplomanden von ihm gründeten 1971 mit seiner Fachberatung und gepumptem Geld eine Firma für Lasergeräte. Das Unternehmen zählt heute 150 Mitarbeiter, macht 50 Millionen Mark Umsatz pro Jahr und seine Inhaber wohlhabend. Fritz Peter Schäfer blieb Professor mit Beamtengehalt.

Der Göttinger Virtuose der Lichtblitze repräsentiert keine kleine Gruppe der Wegbereiter in die Zukunft. Ihre Pfadfinder-Qualitäten sind unstrittig, ebenso ihre Verdienste um das Sozialprodukt, aber sie haben Akzeptanz-Probleme.

Ihre Forschungen stehen unter dem Verdacht, eine Welt herzustellen, die die Menschen gar nicht wollen. Zu Unrecht, wie Schäfer versichert.
Mit dem gleichen Problem kämpft Günter Spur, Leiter des neuen „Produktionstechnischen Zentrums" in Berlin, in dem Konstruktions- und Informationswissenschaftler zusammen an der Fabrik der Zukunft arbeiten. Die Angst der Zeitgenossen, für die Arbeit zur Mangelware geworden ist: Es wird eine menschenleere Fabrik sein. Spur hält dagegen: Es wird eine menschliche Fabrik sein. Wie kaum noch ein Kollege ist der 58jährige Professor erfüllt von der Gewißheit: „Meine Schüler werden die Welt verbessern." Seine Sorge heißt nicht Tschernobyl, sondern Technikfeindlichkeit. Schon heute hat sein Mammut-Institut an der Spree weniger Studenten, als er ausbilden könnte. „Auch Sie sind schuld", klagt der Forscher und meint die schlechte Presse, die Technik und Wissenschaft haben.
Spurs Sorge: Bei anhaltender Industriefeindlichkeit läßt vor allem das Interesse der Hochqualifizierten an Arbeitsplätzen in der Wirtschaft nach; darunter würde besonders die Innovationskraft der kleinen und mittleren Unternehmen leiden, die fast die Hälfte des Bruttosozialprodukts erwirtschaften. Folge: Gerade die neue Herausforderung einer computerintegrierten Fertigung wird nicht bestanden, Konkurrenz-Vorsprünge auf dem Weltmarkt gehen verloren, Wirtschaft und Wohlstand auf Talfahrt.
So könnte ein diffus anti-fortschrittliches Klima letztlich dazu führen, daß die Ausbildung und Förderung von Naturwissenschaftlern und Technikern fehlgesteuert würden und die Industrie-Gesellschaft klammheimlich und von ihr selber unbemerkt den Abstieg in eine post-industrielle Zukunft antritt – wo alles andere als eine Idylle wartet.
Günter Spur ist auf den Vorstands-Etagen der deutschen In-

dustrie ein vertrauter Gast. Neuerdings kann man dort auch einem ganz anderen Wissenschaftler begegnen, dessen Fachgebiet eigentlich nicht die Beratung von Managern ist. Der 41jährige Heinz Otto Peitgen ist Mathematik-Professor an der Universität Bremen, erforscht das Chaos und entdeckte sein Objekt als Lehrmeister.

Am Beispiel einer kleinen Glasschale, in der eine Bakterienkultur lebt, demonstriert er, wie Ordnung in Unordnung umkippt. Wenn die Einzeller sich schneller und schneller vermehren, ohne daß sich ihr Lebensraum vergrößert, dann löst sich jede Selbstregulierung des Systems auf, und die Kultur schwankt unberechenbar zwischen Zusammenbruch und explosivem Wachstum. Wenn Peitgen solche Szenarien in Computer-Bilder verwandelt, um die tiefere Verwandtschaft in allen Übergangsformen von Ordnung in Chaos zu erforschen, überwältigen ihn immer wieder surreale Traumlandschaften. Sie lehren, wieviel Harmonie in der Unordnung verborgen ist, und sind ihm Herausforderung für einen neuen Ansatz, „Natur wirklich zu verstehen". Der nämlich ist wissenschaftliches Ordnungsdenken so fremd wie die gerade Linie und der rechte Winkel.

Einladungen an den Bremer Forscher kommen von allen Seiten – Mercedes, BMW, IBM. Es macht Heinz Otto Peitgen Spaß, wenn er mit der von ihm entdeckten Irritation zum gedanklichen Geschmeidigkeits-Training der Manager beitragen kann. Besonders freute ihn ein Auftritt beim Energie-Multi Preussen-Elektra nach der russischen Atom-Katastrophe in der Ukraine. „Wenn die Macher begreifen", sagt der Mathematiker, „wie kompliziert schon so ein kleines System in der Glasschale ist, vielleicht werden sie dann gegenüber ihren technischen Groß-Systemen etwas vorsichtiger."

Über weitere Anwendungsmöglichkeiten der Lehre des Umschlags von Ordnung in Chaos spekuliert er nicht gerne.

Denkbare Bereiche sind in der Medizin das Herzflimmern, in der Ökonomie die Konjunkturzyklen, in der Gesellschaftswissenschaft die Friedensforschung. Die Untersuchung der Zusammenhänge von Ordnung und Unordnung ist eine junge Disziplin. Wie andere, die heute als besonders vielversprechend gelten (Neurowissenschaften, Produktionswissenschaften, Immunologie etc.), hat sie sich im Grenzbereich zwischen klassischen Wissenschafts-Ressorts entwickelt und ist dabei, einige von deren ehernen Ansichten zu relativieren. Die Welt von morgen, sagt die Chaos-Forschung, ist nicht vorhersagbar.

Das deckt sich mit der Grundskepsis vieler Zeitgenossen. Aber es gibt nicht den pauschalen Aburteilungen jeder Art von wissenschaftlichem und technischem Fortschritt recht. Sie haben beide gute Gründe: die Bürger, die einen „schlechthinnigen" Fortschritt für Unsinn halten und – wie von einem neuen Auto-Modell – von jedem wissenschaftlichen Erkenntnis-Fortschritt wissen wollen, welche Vorteile sie zu erwarten haben; und die Forscher, die sich gegen drohende Erkenntnisverbote zur Wehr setzen und auf ihrem Wahlspruch beharren: „Wage zu wissen!"

Beide brauchten die öffentliche Auseinandersetzung miteinander. Ihr will dieses Buch dienen.

KUKA

„Opas Fabrik ist tot"

Günter Spur *arbeitet im „Produktionstechnischen Zentrum Berlin" an der Fabrik von morgen.*

Die Premiere der Automobil-Montage ohne Menschen war 1979 bei Mercedes in Sindelfingen. Das Foto rechts zeigt die ersten schweißenden Industrie-Roboter der Bundesrepublik. Günter Spurs Fraunhofer-Institut in Berlin entwickelte die Steuerungstechnik. Damals war eine solche Umstellung der Fertigung riskant, heute können die Computer eine Produktions-Veränderung im voraus simulieren und kontrollieren, ob die Planung Mängel hat. Die Ingenieurin Burghilde Wieneke, eine Mitarbeiterin Spurs, ist Spezialistin für diese Simulationen

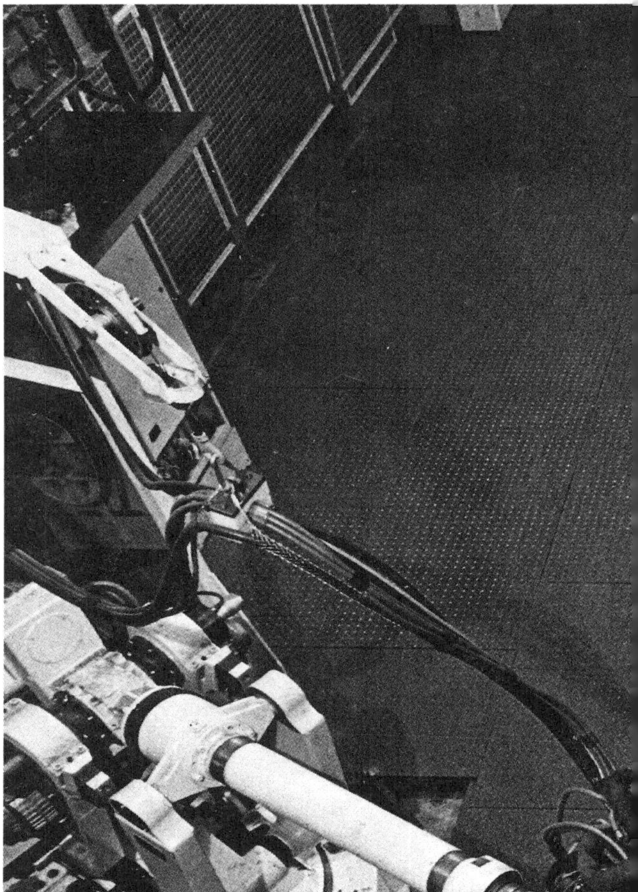

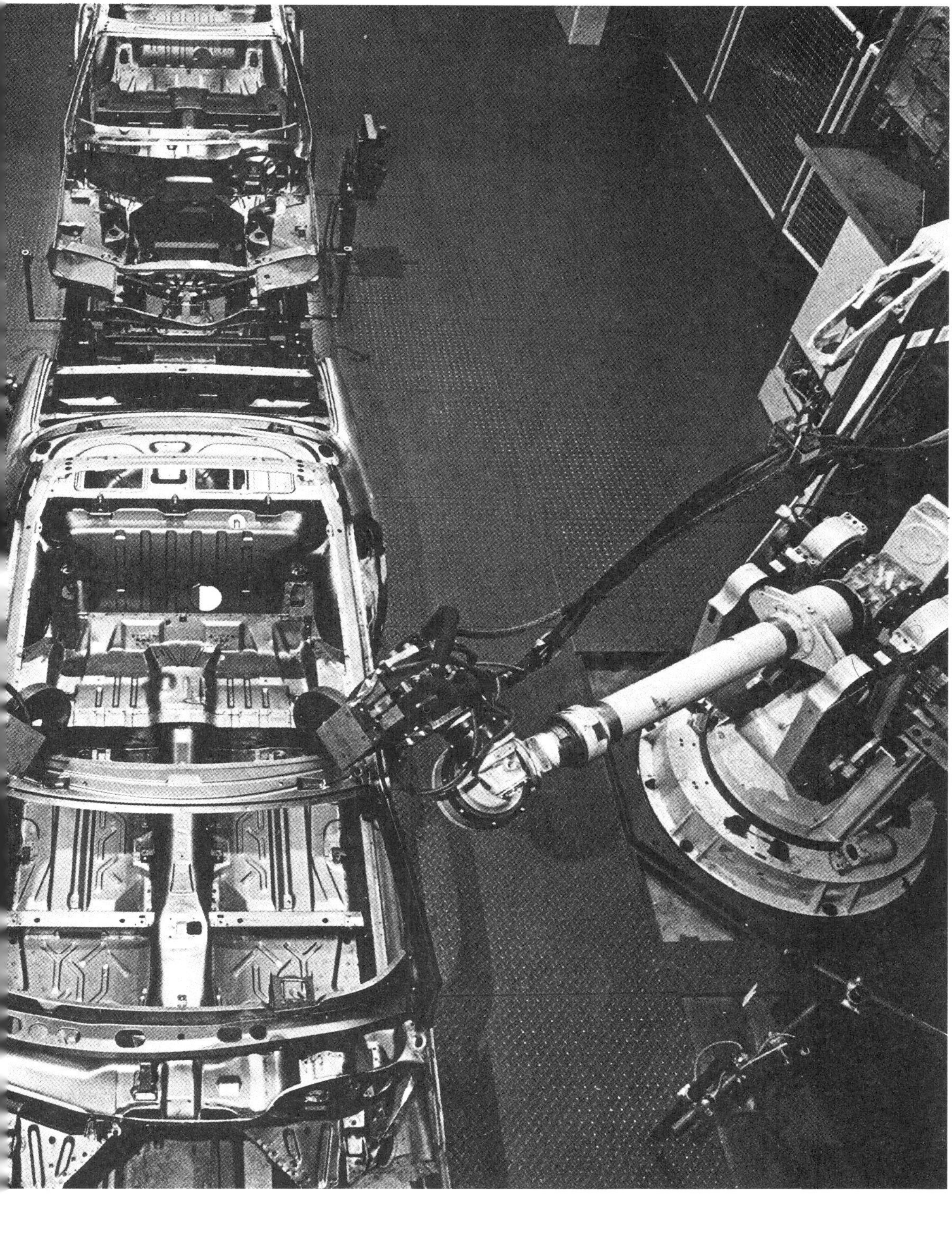

Beifall von Bundespräsident Richard von Weizsäcker, Gratulationen aus aller Welt, Ehrentanz mit der Sekretärin: am 25. November 1986 wurde der Neubau von Spurs Forschungs-Institut in Berlin-Moabit eingeweiht

Der stolze Hausherr vor seinem neuen Haus. Die große Glashalle beherbergt ein variables Versuchsfeld von Maschinen und Robotern, mit denen Produktionsabläufe verschiedener Fabriken erprobt und entwickelt werden können. Im „Produktionstechnischen Zentrum" an der Spree sind Forschung und Ausbildung der Technischen Universität und Auftragsforschung der Fraunhofer-Gesellschaft vereint

Professor Spur sieht sich selbst als „Frohsinns-Typ". Den Auszug aus den Räumen der Technischen Universität feierte er mit seiner Mannschaft als fröhliches Abschiedsfest. Auch beim Lebewohl-Ständchen ist der Forscher lautstark dabei

„Opas Fabrik ist tot"

Am zeitigen Morgen, noch vor dem Frühstück, ziehen im Hotelschwimmbad drei deutsche Führungskräfte ihre Bahnen. Der Pool ist geräumig und bietet genügend Grätsch-Freiheit. Dennoch kommt es immer wieder zu Beinahe-Kollisionen. Jeder der drei Schwimmer beansprucht die Beckenmitte für sich.

„Wer im Flugzeug-Cockpit mit Ellbogen arbeitet, stürzt ab"

Professor Dr.-Ing. Dr. h. c. Günter Spur, deutsche Führungskraft, Institutsleiter in einem 140-Millionen-Neubau und Herr über 15 Millionen jährlichen Etat, sitzt im Trockenen und amüsiert sich über die Szene. Er sagt: „Bedingungslose Konkurrenz ist heute anachronistisch. Moderne Technologie fordert nicht Kampf, sondern Kooperation. Wer im Flugzeug-Cockpit mit Ellenbogen arbeitet, stürzt ab."

Der Inbegriff von Glück ist für Spur der Radiergummi, mit dem er Termine aus seinem Kalender ausradieren kann. Glück aber hat er selten. Nur weil seine Frau die Woche im Landhaus der Familie bei Gifhorn verbringt, ist der Strohwitwer der Einladung zum Hotelfrühstück ausnahmsweise willig gefolgt. Mit Lust spießt er sein Rührei auf und die absurden Vorstellungen von der Fabrik, die die meisten Menschen noch in ihren Köpfen haben. „Die sehen immer Charlie Chaplin in ‚Moderne Zeiten' vor sich, große Hallen, viele Menschen, Zeittakt, Akkord, Leistungshetze. Alles Quatsch! Opas Fabrik ist tot."

Der 58jährige Professor, eigentlich ein „Frohsinns-Typ", wie er selber findet, ärgert sich. Über Willy Brandt und den STERN. Der SPD-Vorsitzende zieht Zorn auf sich, weil er kürzlich in einer Rede von „Automatisierungs-Fetischisten" gesprochen und damit offenbar Spur und seinesgleichen gemeint hat. Der STERN dient als Blitzableiter für den professoralen Unmut auf die deutsche Presse, in deren Berichten die Fabrik immer wieder als feindselige Mega-Maschine und menschenfressender Moloch auftaucht. „In Wahrheit", schwärmt der Ingenieur, „ist die moderne Fabrik ein Kunstwerk. Artisten bedienen sie."

„Die moderne Fabrik ist ein Kunstwerk"

Ein Impresario, der da spricht. Eine Art Liebermann der deutschen Industrie. Kein Vorstandsmitglied der Automobil-Branche, das ihn nicht persönlich kennt und um Rat angeht. Kein internationaler Kongreß über Produktionstechnik, der es sich nicht zum Schmuck anrechnet, ihn als Referenten zu nennen. Kaum ein Tag ohne das Mittagessen mit dem Kollegen aus Indien oder Kanada und das Abendessen mit dem russischen Wirtschafts-Attaché oder der japanischen Ingenieursgruppe.

Ein gefragter Mann. Sein ausladender Schreibtisch gleicht einem Tafelgebirge. Fachzeitschriften, Manuskripte, Protokolle, Kongreßberichte – o Täler weit, o Höhen. Als Gipfelkreuze zuoberst kleine Orientierungszettel: Augsburg, Zürich, Budapest, China, Regensburg ... Eigentlich müßte er neue Visitenkarten drucken lassen, mit dem zweiten Ehren-Doktortitel. Denn der freut ihn noch mehr als der erste von der Universität Leuwen, bekam er den zweiten doch im November 1986 von der Universität Karl-Marx-Stadt – ein Beweis für den Geehrten, daß das Verbindende der technischen Vernunft stärker ist als das Trennende der Ideologie.

Begonnen hat Spurs Karriere 1965. Die Technische Universität Berlin berief den Werkzeugmaschinen-Ingenieur aus

Bielefeld als ordentlichen Professor. Zum Empfang beim Rektor trug man damals noch Frack, und das Institut für Werkzeugmaschinen zählte noch nicht mal ein Dutzend Mitarbeiter.

Dann kamen die siebziger Jahre und eine technologische Feuerprobe für Günter Spur. Mercedes-Benz entschloß sich, bei der Karosserie-Fertigung in Sindelfingen zu einem ersten Großversuch mit Schweißrobotern. Zur Wahl standen japanische, amerikanische und deutsche Modelle. Leistungstechnisch waren die deutschen den ausländischen Konkurrenten ebenbürtig, aber ihre Steuerungstechnik war unterentwickelt. „Da stellte sich die Aufgabe, über Nacht eine Software zu entwickeln, die Rechnertechnik in Steuerungstechnik verwandelt." Spur übernahm den Job. „Es lief." Aus drei Robotern wurden vier, vierzig, hundert. Befriedigt blickt er zurück. „Das Ganze war ein Beispiel für gelungene Zusammenarbeit von Grundlagenforschung, angewandter Forschung und Industrie." Noch nachträglich hat er Respekt vor der eigenen Courage. „Wir haben wirklich ohne Netz gearbeitet."

Die Traditionsfarbe Rot mag der Hausherr nicht

Ein solches Projekt zehrte gleich doppelt an seinen Nerven. Denn neben dem Job als Professor und Institutsleiter an der Technischen Universität steht Spur dem „Institut für Produktionsanlagen und Konstruktionstechnik" der Fraunhofer-Gesellschaft vor. Jahrzehntelang residierte der doppelte Hausherr in verschiedenen Gebäuden, und der BMW-Fahrer raste – manchmal mehrfach pro Tag – zwischen seinen beiden Amtssitzen hin und her. Heute trennen nur noch zwanzig rasche Schritte die beiden Direktorenzimmer, die der Innenarchitekt gleichmäßig in Anthrazit und Leder gehalten hat. Das eine liegt im grünbeschilderten Fraunhofer-Trakt des neuen „Produktionstechnischen Zentrums", das andere im orangefarbenen Flügel, der die Räume der Tech-

nischen Universität beherbergt. Deren Traditionsfarbe ist eigentlich Rot. Aber Rot mag der Hausherr nicht.
Die Schlüssel für den Neubau wurden ihm am 30. April 1986 überreicht, zusammen mit einem Bukett ausgesuchter Politiker-Floskeln, unter denen Worte wie „Tag der Freude" und „Hoffnung für die Zukunft" vorherrschten. Danach gab's Faßbier, und das Fernsehen drehte Schnittbilder.
Monate fiebriger Betriebsamkeit folgten. Bibliotheken mußten ausgepackt, Maschinen aufgestellt, Computer angeschlossen werden. Im November erreichte die Hektik ihren Höhepunkt. Am fünfundzwanzigsten sollte die Eröffnung sein, zu ihr war eine illustre Gesellschaft von Ehrengästen mit dem Bundespräsidenten an der Spitze geladen.

Nächtlicher Besuch mit zwei Kilo Sprengstoff

Vorher kam anderer Besuch zu Günter Spur. Er überraschte ihn in der Nacht zum 21. November und brachte zwei Kilo Sprengstoff in einem Feuerlöscher mit. Der BMW 735 i ging in Flammen auf, eine Glasveranda seiner Grunewald-Villa zu Bruch. Im „Bekennerschreiben" nannten die Bombenleger ihr Opfer einen „führenden Repräsentanten der Hochtechnologie".
Fünf Tage später wurde der Technologe vom Vorstandsvorsitzenden der Volkswagen AG in seinem Festvortrag zur Instituts-Eröffnung beglückwünscht – und gemahnt. Die „neue Aufbruchstimmung" von Wirtschaft und Technik fand Carl Hahn zwar begrüßenswert, Euphorie aber nicht angebracht. „Nur noch 14 Jahre und ein Monat trennen uns vom 21. Jahrhundert. An seiner Schwelle wird es eine vermehrte Zahl von Industrienationen mit sehr ähnlichen Waren, mit gutem Know-how und hoher Kapitalausstattung geben. Der Weltmarkt kennt keine Vollkasko-Mentalität. Er wird uns das an Arbeit und Lebensstandard zumessen, was wir im Sinne dieses Wortes ‚verdienen'." Und beschwörend rief der Festredner den versammelten „Präsidenten, Magni-

fizenzen, Exzellenzen" zu: „Forschung ist kein Breiten-, sondern Hochleistungssport!"

Der Forscher im Kreuzfeuer der Interessen: Die einen sind voller Angst vor seiner Zukunftstechnologie, die anderen sorgen sich, daß er den Anschluß an den Zug in die Zukunft verpassen könnte. An Günter Spur gehen solche Spannungen spurlos vorüber. Er hat weder die Anlage zu Gastritis noch zum Gruseln. Selbst nach dem Bombenanschlag fährt er wie zuvor alleine und guckt nicht ständig in den Rückspiegel. Er bleibt auch beim kürzesten Weg von seinem Wohnhaus am Roseneck, mitten unter den Gründerzeitvillen längst verstorbener Fabrikherren, nach Moabit, wo die Luft dieselhaltig und die alte Berliner Industriearchitektur schäbig ist, wo es aber am Ende der letzten langen Rechtskurve in der Morsestraße plötzlich schimmert wie eine Verheißung: sein Institut.

Eine riesige, gläserne Rundhalle, die zu zwei Dritteln von einem zweiten Rundbau eingeschlossen wird wie eine Nuß vom Knacker. Der Klammerbau beherbergt den doppelten Institutsdirektor, seine 200 Angestellten und weitere 200 studentische Hilfskräfte. Alles teilt sich hier gerecht und symmetrisch in einen Universitäts- und einen Fraunhofer-Flügel. Bis auf die Finanzierung. Der akademische Anteil deckt vielleicht die Porto-, aber noch nicht einmal die Reisekosten. Den Löwenanteil (15 Millionen) trägt die von Staat und Wirtschaft gemeinsam finanzierte Fraunhofer-Gesellschaft.

Die licht-durchflutete Glashalle im Zentrum ist unter anderem ausgestattet mit einem Schwerlast-Fundament für Monster-Maschinen, einer fünf Meter hohen Arbeitsbühne, einem Kran von 20 Tonnen Hebekraft und einem Dutzend Werkstätten und Labors, in denen beispielsweise ein schalltoter Raum hergestellt und Temperaturen zwischen plus und minus 40 Grad für Härtetests von Maschinen erzeugt werden können. Ein „Versuchsfeld" entsteht in der Halle, auf dem verschiedenartige Produktionsabläufe unterschiedlicher Fabriken ausprobiert werden können. Einer der ersten Aufträge: Für VW werden Komponenten der neuen Golf-Fertigung erprobt.

Das Wichtigste am Versuchsfeld aber ist selbst dann unsichtbar, wenn sämtliche Pressen und Fräsen, Schleifmaschinen und Montage-Roboter gleichzeitig in Betrieb sind: die Rechner. Wie das Fließband ein Symbol der alten Fabrik war, so ist der Computer das der neuen. Sein Datenfluß, von Spur gerne als „geistiger Strom" bezeichnet, strukturiert die moderne Produktion. Die Bedeutung dieses Stromes für die Fabrik-Schmiede in der Berliner Morsestraße läßt sich schon an den Kosten der Kabel-Installationen ablesen: fünf Millionen Mark. „Die Zukunft", sagt der Hausherr, „das ist die datengetriebene Fabrik."

„Die Zukunft, das ist die datengetriebene Fabrik"

Er wäre wohl am liebsten schon mittendrin. Die Gegenwart genügt ihm nicht, und die Vergangenheit bedrückt ihn – man spürt es in seiner Vorlesung. Thema: Geschichte der Werkzeugmaschinentechnik. Vierzig Studenten, zwei Frauen darunter, sitzen im abgedunkelten Halbrund. Dias demonstrieren den Fortschritt vom mittelalterlichen Handwerkszeug über das mechanisierte Werkzeug der Neuzeit zur modernen Maschine. Spur referiert die Entwicklung, die rasant verlief, seit ein Mr. Spencer im Jahre 1873 das Patent auf eine automatische Schraubenmaschine erhielt, aus der sich der erste Revolverdrehautomat entwickelte. Noch ein ziemlich starres Ding. Tage-, manchmal wochenlang mußte umgerüstet werden, bevor beispielsweise ein neuer Schraubentyp produziert werden konnte. Man spürt des Dozenten Erleichterung, wenn endlich die „flexible Automatisierung" drankommt. Alles dauert ihm zu lange, der Dia-

Wechsel, das Herabziehen der schwerfälligen Wandtafel, die er impulsiv mit Namen und Kernbegriffen bedeckt. Er spricht schnell, mit jähen Zäsuren, ohne Manuskript, sogar ohne Konzept. Ein Sponti. Die eine Hand steckt in der Hosentasche, die andere greift mal ans Katheder, mal an die Club-Krawatte. Geschichte der Fabrik-Technik – das ist für ihn wachsende Hoffnung auf Humanisierung durch die Arbeitswelt.

Wie bitte? Verhört? Nein. Der Professor glaubt wirklich, daß aus der alten Phrase von der Humanisierung der Arbeitswelt genau umgekehrt ein Schuh wird. „Die industrielle Denkart ist eine rationelle, humane, ich möchte sagen: gesunde. In der menschlichen Kommunikation gibt es ja sehr viel Nicht-Rationales. Wenn die Menschen stärker geprägt sind von der Komplexität der Technik, die Ergänzung fordert, sind sie vielleicht auch geneigter, besser miteinander umzugehen."

„Ich frage nicht nach dem Warum, ich frage nach dem Wohin"

Vision eines Technikers: Die Rechner-gesteuerte Stanze produziert nicht nur Löcher, sondern nebenher auch noch Menschlichkeit; die Fabrik als Mikrokosmos, der den gesellschaftlichen Kosmos lehrt, wie vernünftiges Zusammenwirken von Menschen und Material aussehen kann. Das wissenschaftliche Glaubensbekenntnis, mit dem Spur sich von den Kollegen Grundlagenforschern absetzt, lautet: „Ich frage nicht so sehr nach dem Warum, ich frage nach dem Wohin."

Die Welt soll passen wie sein Maßanzug. Und wenn der Professor seine Studenten über die Geschichte der Kopierfräsmaschine oder der „NC-Programmierung" belehrt, dann schwingt stets ein Unterton von Weltanschauung mit. Ein auch von der Katastrophe in Tschernobyl nicht erschütterbarer Glaube an das Vernünftige im Menschen und das Gute in der Technik. Deswegen auch hält er die Vorlesung als In-

stitution für unersetzbar. „Ein Professor muß einfach dastehen, anfaßbar. Die Studenten wollen so einen sehen, mit ihm reden, sich später an ihn erinnern, seine Witze, seine Macken. Das Lebendige eines Professors muß bleiben."
Unbekümmert um alle antiautoritären Aufstände duzt er seine Studenten, sagt „mein Junge", schätzt den Auftritt vor dem Auditorium – und wird geschätzt. Als Prüfer zum Beispiel, der nicht „bohrt", wenn er ein Wissensloch spürt, sondern Brücken baut. Kein Student sagt „Schmalspur" hinter seinem Rücken. Diesen Jungbrunnen und die Freiheit seines Jobs würde er gegen keinen noch so hoch dotierten Vorstandsposten tauschen.

Kein Student sagt „Schmalspur" hinter seinem Rücken

Anderntags überläßt der Professor das Katheder einer Doktorandin. Bald wird ihr Bild als hundertstes die Ehrengalerie der promovierten Spur-Schüler auf dem Gang des Institutes verlängern. Wenn der Doktorvater sie abschreitet, spricht er wie von Kindern. „Der ist Montage-Planungschef bei BMW, der ist Professor in Erlangen, der selbständig, der Versuchsleiter bei VW Amerika, der ist bei AEG, der bei Kugelfischer, der bei Bosch Indien – alle sind sie was Ordentliches geworden." Und dabei rückt er die verrutschten Rahmen gerade.
Burghilde Wieneke, die zweite Frau, die bei Spur ihren Doktor macht, arbeitet im Institut als Spezialistin für „Simulation". An sie wenden sich Firmen, die ein neues Fertigungssystem einführen wollen, aber nicht ganz sicher sind, ob auch alles so funktionieren wird, wie es nach den Plänen funktionieren soll.
Die Ingenieurin berichtet in ihrem Vortrag von einem Beispiel aus der Praxis. Das VW-Werk plane, ein neues Fertigungssystem für ein Motorgehäuse-Teil einzurichten. Die werkseigenen Konstrukteure hätten alles sorgfältig berechnet, aber es blieben Unklarheiten. Ein Zwischenlager zwi-

schen zwei Montage-Abschnitten etwa; da werde noch mit Hand gearbeitet, da gebe es folglich Pausen und Urlaub und Verschlafenheit und Grippewellen und die bange Frage: wie groß muß die Kapazität der Speicher-Plätze sein? Auch der Bedarf an Paletten für den Transport der Teile – Stückpreis 150 000 Mark – sei dunkel. Paletten-Mangel brächte die Produktion ins Stocken, Paletten-Überschuß wäre rausgeworfenes Geld.

Frau Wieneke kann helfen. Sie füttert ihre Rechner mit Plänen und Daten und läßt sie knobeln. Dann bietet sie, die sich selbst als „totalen Rechner-Freak" bezeichnet, ihrem Kunden die Alternativen an, zwischen denen er die Wahl hat: bei dieser Fertigungs-Variante ist die Zuverlässigkeit höher, bei jener die Produktionsgeschwindigkeit; dieses Modell hat den Vorzug kurzer Umrüstzeit, bei jenem ist die Kapazitätsausnutzung am besten.

Frau Wieneke simuliert, der Kunde spart, Spur strahlt. Wieder ein Beweis für seine These, daß kaum eine wissenschaftliche Neuerung unserer Zeit so fruchtbar ist wie die Hochzeit von Konstruktions- und Informationswissenschaft. „Unser Institut ist die eheliche Wohnung. Hier werden jetzt Kinder gezeugt und entwickelt, und dieses Kind ist die Fabrik."

Die Säuglingspflege macht allerdings noch Schwierigkeiten. Denn die Ehe der Ingenieurskunst mit der Informatik gleicht der eines Grönländers mit einer Sizilianerin, die beide keine Fremdsprachen können.

Im runden Konferenzraum des vierten Stockwerks ist am späten Vormittag der Feuerlöscher an der Wand der einzige Farbfleck. Herren in Grau, das Aktenköfferchen neben dem Freischwinger, sitzen und sinnen. Professor Spur hat Abgesandte der deutschen Industrie zur Vorbereitung einer Tagung eingeladen. Thema: „Die informationstechnische

Herausforderung". Doch die informationstechnische Provokation sitzt schon mit am Tisch. Über das „Produkt-Modul" spricht der Professor ganz beiläufig, und keiner versteht ihn. Es sieht so aus, als würde die Tagung zwei Sorten Simultanübersetzung benötigen: für die Übersetzung vom Deutschen ins Englische – und für die Übertragung von Wissenschafts-Deutsch in Praxis-Deutsch. Neue Wortschöpfungen kündigen sich an: „Produktik", „Robotik" ...
Salopp gesagt läuft die Herausforderung der Informationstechniker an die Praktiker auf die Frage hinaus: Wer kriegt seine Fabrik am schnellsten und vollständigsten in den Computer? Der nämlich wird in Zukunft sämtliche Arbeitsgänge einer Produktion verknüpfen, indem er nicht nur schlichte Zahlen verarbeitet, sondern auch Formeln, geometrische Zeichnungen – alles. Vom Entwurf des Konstrukteurs bis zu Marketing-Merkmalen ist alles für alle am Produktionsprozeß Beteiligten zugriffbereit im Rechner. Das eben ist das Produkt-Modul: die Computer-Kennkarte, die sämtliche Informationen über ein Produkt, eine Hinterachse beispielsweise, enthält.

„Produktik, Robotik" – Neue Wortschöpfungen kündigen sich an

Nicht nur umfassende Gedächtnisstütze wird der Rechner für die Fabrik sein, sondern auch Gedächtnisverstärker. Der Computer entscheidet mit. „Heute ist ja der Weg für jeden, der komplizierte Entscheidungen zu treffen hat, gesäumt von endlosen Regalen mit uferloser Fachliteratur. Einfach nicht mehr zu bewältigen. Das alles in den Computer einzuspeisen, wäre auch sinnlos, denn dadurch wird es auch nicht leichter zu verarbeiten. Deswegen wird der Computer das Material nach den erforderlichen Entscheidungen auswählen und aufbereiten. Er denkt buchstäblich mit."
Institutsgänge. Trittfreundlich ausgelegt. Geruch nach Klimaanlage und Elektronik. Sauber. Selbst auf den Klos keine Graffiti. Türaufschriften: „Geometrieverarbeitung", „Pro-

zeßverarbeitung", „Prozeßdatenverarbeitung", „Robotertechnik", „CAD-Labor". CAD und CIM sind die neuen Zauberbegriffe: Computer Added Design und Computer Integrated Manufacturing. Hinter jedem Türschild der gleiche Anblick: Bildschirme, Tastaturen, Drehstühle, Topfpflanzen.

Wieder eine Institutsbesichtigung. Die wievielte? Günter Spur geht schnell. Er treibt keinen Sport, aber wenn er geht, trabt er. Hinter ihm kurzatmet der Leiter des Hanser-Verlages, der auch Spurs Fach-Werke druckt. Schon während der Bauzeit ist der Hausherr sonntags statt im Grunewald lieber in Rohbau spazieren gegangen. So kannte er bei der Übernahme bereits jeden Winkel und kann Besucher in Rekordzeit durchs Gebäude führen. Sechzehn Minuten. In der siebzehnten wartet der Verabschiedungs-Kaffee, in der zwanzigsten der Berliner Bausenator zu einer Besprechung. Hanser-Chef Joachim Spencker kommt kaum noch dazu, seine Dauer-Klage über die enormen Kosten für das zehnbändige „Handbuch der Fertigungstechnik", das Spur herausgibt, anzustimmen. „Allein die Korrekturen – pro Band ein ausgewachsener Daimler!" Der Herausgeber hört es kaum noch. Spencker seufzt und folgt dem Davongeeilten. Die nächste Verabredung hat der Verlagsherr mit Botho Strauß. Der wird wohl mehr Zeit haben.

Am nächsten Mittag widerfährt Professor Spur unverhofftes Glück. Ein angemeldeter Kollege hat sein Flugzeug nach Berlin verpaßt, der Radiergummi darf einen Termin ausmerzen. So haben wir Zeit für eine volle Stunde unter den Tiergarten-Bäumen, an einem Tisch seines Stamm-Restaurants „Giraffe". Wir essen Manager-Essen – Steak und Salat – und schicken die Gedanken auf einen Spaziergang in die Zukunft. Er führt auf eine grüne Wiese mit Grillengezirp und Blumenduft vor ein helles, freundliches Gebäude, ohne

Schlote, Qualm und Krach. Eine Fabrik. Ein flexibler Bau. Kein dickes Gemäuer, leicht zu verändern, leicht wieder abzureißen. Über Umweltfreundlichkeit und Arbeitshygiene wird nicht mehr geredet – sie sind selbstverständlich.
Man öffnet das Tor, geht an keiner Stechuhr vorbei und sieht Maschinen, die arbeiten. Leise und flink. Auch Menschen sind zu erkennen. Aber niemand, der mit der Hand Werkstoffe berührt. Der Mensch plant, programmiert, kontrolliert. „Er ist nicht mehr Bediener, er ist Beherrscher der Maschine, der geistige Führer der Fabrik.” Sein Arbeitsplatz gleicht der Kommando-Brücke eines modernen Schiffes. Und beweglich wie ein Schiff wird die Fabrik selber sein. Entstehen, wo sie gerade gebraucht wird, im Meer, auf Schiffen oder in Raumstationen.

„Der Mensch ist nicht mehr Bediener, er ist Beherrscher der Maschine”

Unsinnig, findet Spur, da noch Klassenkampfparolen an die Wände zu sprühen. „Ausbeuter”, „Ausgebeutete” – lächerlich! Schon die Unterteilung in Arbeiter und Angestellte kommt dem Fabrikplaner absurd vor. Ebenso das Gerangel um Tarifgruppen und Stundenlöhne. „In der modernen Fabrik arbeitet eine Crew!”
Natürlich wird es noch Jobs für Ungelernte geben. Maschinen müssen gewartet, Öl muß gewechselt werden. „Aber die Fabrik wird kein Auffangbecken für die vielen ungelernten Menschen mehr sein.” Die Maschinen, selber immer „intelligenter”, verlangen die höhere Qualifikation.
Perfekte Roboter sieht man in Spurs schöner neuer Welt und dazwischen glückliche Menschen. Team-Worker, befreit von Monotonie und starrer Arbeitszeit. Warum nicht zum Friseur gehen, wenn die Maschine arbeitet? Warum nicht drei Tage Urlaub einschieben, wenn der Kollege die Kontrolle inzwischen mitmacht? Ein Arbeitnehmer-Idyll?
Aber da hatte es in der Vorlesung des Professors einen verräterischen Moment gegeben, als er das Diagramm eines

modernen Fertigungssystems projizierte und die Strichmännchen darauf als „Restmenschen" bezeichnete. Restmenschen im Maschinen-Idyll?
„Ein Versprecher", versichert er. „Der Mensch bleibt das Maß der Automaten." Und noch etwas ist ihm wichtig: „Wir sind kein Arbeitgeber-Institut."
Der Vorhalt, seine Forschung schaffe nicht die Arbeit ab, sondern zuallererst den Arbeiter, ist ihm bis zum Gähnen vertraut. Routiniert rattert das Sperrfeuer der Abwehr-Argumente. Erstens bleibe einer High-Tech-Nation wie der deutschen gar nichts anderes übrig, als den technologischen Fortschritt mitzumachen; zweitens schaffe dieser Fortschritt selber neue Jobs. Schon heute könnten seine Absolventen durchschnittlich unter zehn Arbeitsplätzen auswählen. Und drittens gebe es im sozialen und im Dienstleistungsbereich einen riesigen Bedarf an zusätzlichen Beschäftigten.
„Technozentrisch" sei die Fabrik der Zukunft? Ganz falsch! Das war viel eher die Fabrik des Mr. Taylor, der die Produktionsabläufe bekanntlich in viele kleine, immer gleiche Arbeitsschritte zerlegte. Die Übernahme solcher Arbeiten durch die neuen Roboter mit ihrer ausgefeilten Sensor-Technik im Computer-Verbund mache die moderne Produktion geradezu „anthropozentrisch". „Der Mensch steht im Mittelpunkt." Adieu Karl Marx, good bye Frederick Taylor, willkommen Günter Spur. Könnte der Professor vor eine Gewerkschafter-Versammlung treten und mit zwei Sätzen darstellen, was man an der gesellschaftlichen Basis von den Steuermillionen hat, die für sein Institut ausgegeben werden? Die Antwort fällt ihm nicht schwer: „Wir vermenschlichen die Arbeit." Und: „Wir verhindern, daß falsch ausgebildet wird." Ob dann allerdings genügend Menschen richtig ausgebildet werden, hänge nicht von ihm ab, sondern

Gibt es im Maschinen-Idyll nur noch „Restmenschen?"

von den Politikern. Mit denen steht er auf Kriegsfuß. Kaum einer kenne eine Fabrik von innen, mache sich sachkundig über die technologische Zukunft, begreife den enormen Ausbildungsbedarf. Ein Angebot, Wissenschafts- oder Wirtschaftsminister zu werden, würde der parteilose Professor sofort akzeptieren – egal von welchem Regierungschef. Angst vor schmutzigen Händen kennt er nicht.

Überhaupt ist ihm Angst fremd. Daran hat auch der russische Atom-Schock nichts geändert. „Ein Anlaß, noch genauer nachzudenken und die Technik noch sorgfältiger zu qualifizieren. Aber Angst lähmt. Und Nichtstun ist immer verkehrt."

Was kriegt so einer noch mit von den Menschen und der Welt außerhalb seiner Institutsmauern? Literatur? Kaum. „Romane lese ich nicht, die sind ja keine Wirklichkeit." Biographien hin und wieder, politische Sachbücher. An Theaterabenden kämpft der Vielbeschäftigte stets mit dem frühen Vorstellungsbeginn – meist vergeblich. „Wenn ich dann hinkomme, ist es schon zu Ende." Kino, Fernsehen, Konzert? So gut wie gar nicht.

Wichtig sind ihm seine Rotarier-Treffen. Da findet er etwas von dem Interesse wieder, über den eigenen Gartenzaun zu gucken, das ihn schon als Ingenieur-Student Anfang der fünfziger Jahre in Braunschweig gepackt hatte. Damals entwickelte er, was er „psychologische Ambitionen" nennt: Interesse an Verhaltensforschung, Psychologie, Sozialwissenschaft. Die Mit-Maschinenbauer, allesamt nüchtern, sachbezogen, zielbewußt, tippten sich an die Stirn. Später zeigte sich dann, wie fruchtbar das Wildern im fremden Revier war. „Gerade der Brückenschlag zwischen Ingenieur- und Sozialwissenschaft wird wichtig!" Denn ein Konstrukteur, der Maschinen-Intelligenz entwickeln soll, muß über ein komplett neues Mensch-Maschine-Verhältnis nachdenken.

Da ist Witz gefragt, Kreativität, ein Ingenieurs-Typ, der etwas von Daniel Düsentrieb hat. „Technik und Kunst fließen zusammen", prophezeit Spur.

Aufgaben für das nächste Jahrtausend. Als Institutsleiter wird Günter Spur ihre Lösung nicht mehr erleben. Zehn Jahre noch, dann will er sich aus dem aktiven Dienst an der Forschungsfront zurückziehen. Dem Abschied sieht er gelassen entgegen. „Mut zur Lücke" hat er heute schon. „Man kann nicht alles erreichen. Achtzig Prozent sind in Ordnung."

„Technik und Kunst fließen zusammen"

Ein Forscher-Traum bleibt nicht offen. Er hat keinen. Und was für andere Hoffnung wäre, gilt ihm als Gewißheit: „Meine Schüler werden die Welt verbessern."

Sagt so einen Satz einfach, locker, selbstverständlich, ohne Ausrufungszeichen und fährt zufrieden nach Hause. Dort wird er noch eine halbe Flasche Wein trinken, sommers weißen, winters roten, ins Bett gehen und schlafen. Tief und traumlos. Wenn draußen nicht gerade eine Bombe hochgeht.

Die Jagd nach den Geister-teilchen

Der Kernphysiker **Till Kirsten** *zählt „Neutrinos", Elementarteilchen, die von der Sonne ausgesendet werden*

Kirsten und seine Forschergruppe in einer Höhle im Gran-Sasso-Massiv in den italienischen Abruzzen. Hier, 1200 Meter unter der Erde, wird der „Neutrino”-Detektor aufgebaut

Gestein auf dem Mond. Lavaströme aus seinem Inneren und Asteroideneinschläge aus dem Weltall haben die Oberfläche des Erdtrabanten geformt. Während der Apollo-Mission sammelten amerikanische Astronauten Materie aus dem Weltraum ein

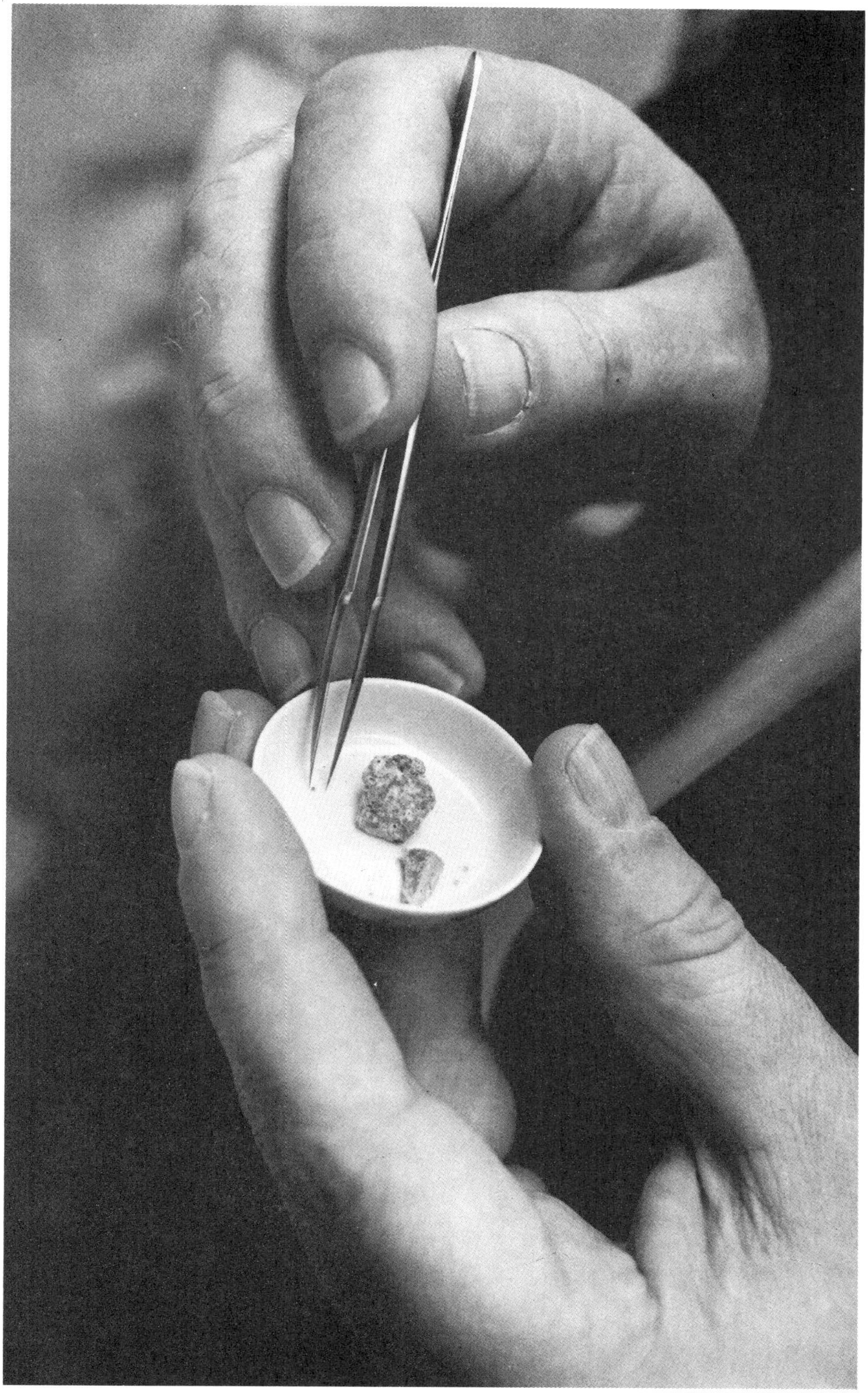

Mondgestein, das die amerikanischen Apollo-Kapseln vom 400 000 Kilometer entfernten Trabanten auf die Erde geholt haben. Es wird in den Labors des Heidelberger Max-Planck-Institutes für Kernphysik untersucht. In den mehrere Milliarden Jahre alten Steinen ist der „Sonnenwind" eingeschlossen

Die Sonne ist ein gigantischer Fusions-Reaktor. Im 15 Millionen Grad heißen Zentrum des Glutballes verschmelzen Kerne des Elementes Wasserstoff zu Kernen des Edelgases Helium. Dabei entstehen „Neutrinos", Elementarteilchen, die mit Lichtgeschwindigkeit durchs All rasen und – im Gegensatz zu den auch von der Sonne ausgesandten „Photonen" – alle Materie mit Leichtigkeit durchdringen. Wie viele „Neutrinos" die Sonne aussendet, gehört zu den Rätseln der Physik

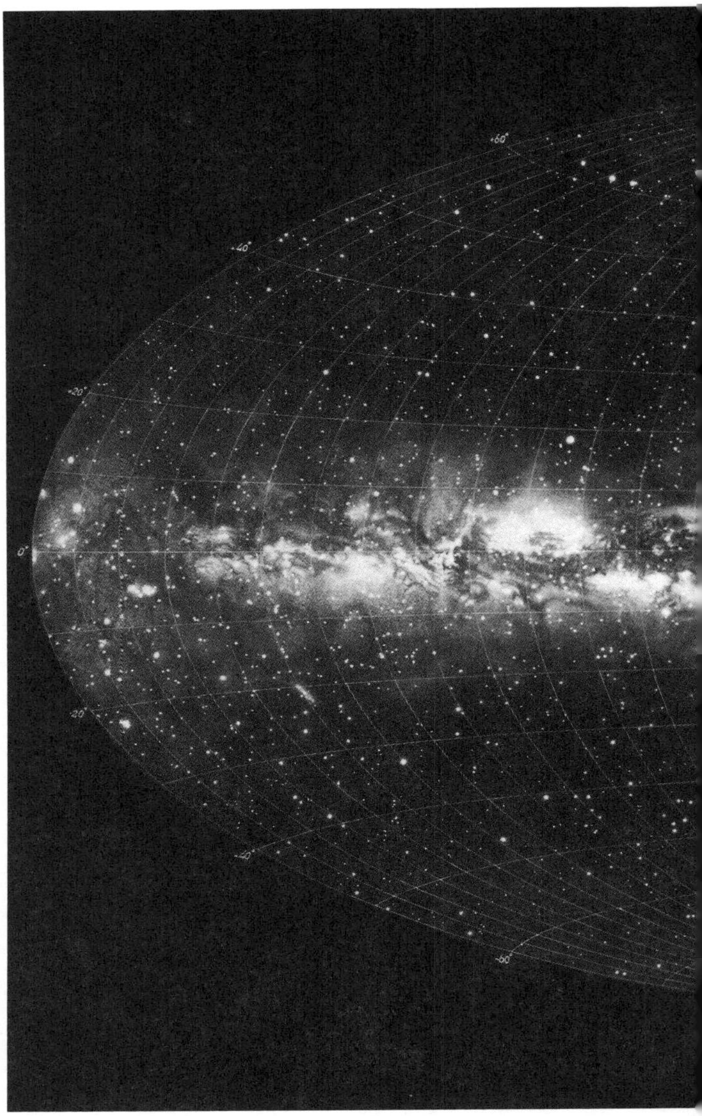

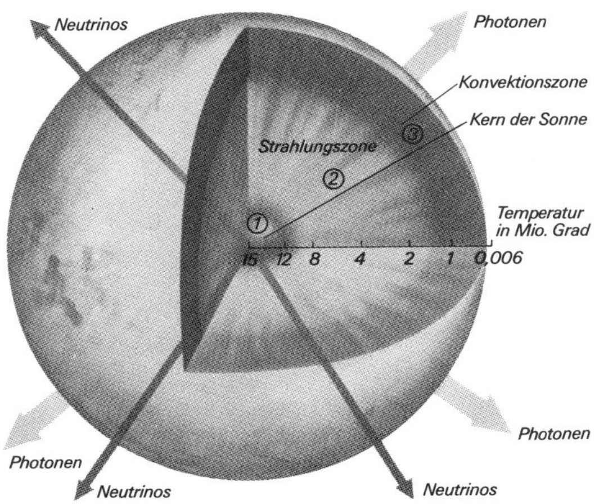

Eine Aufnahme unserer Milchstraße. Zwischen den Sternen wimmelt es von „Neutrinos". Wenn die Geisterteilchen eine Masse besitzen, würde sich die von Astronomen geschätzte Gesamtmasse des Universums vergrößern. Gewaltige Gravitationskräfte hielten dann die Himmelskörper viel stärker als bislang angenommen zusammen. Die Folge: Die kosmische Expansion könnte abgebremst werden, das Weltall kollabieren und sogar einen neuen Urknall erleben

Das Neutrino-Experiment, das in den Heidelberger Labors vorbereitet wird, ist „Team-Work": Kirsten arbeitet mit drei promovierten Physikern, acht Doktoranden und Diplomanden, einem Glasbläser und einer Gruppe von Elektronikern und Feinmechanikern zusammen. Nur noch selten steht der Professor selbst an den Apparaturen. Sein Arbeitsplatz ist inzwischen meist der Schreibtisch

Till Kirsten in seiner Dienstwohnung auf dem Institutsgelände. Der Kernphysiker ist mit einer Japanerin verheiratet, die als Fremdsprachenkorrespondentin in Heidelberg arbeitet

Die Jagd nach den Geisterteilchen

Wer mit seinen eigenen Schuhen erwischt wird, putzt eine Woche lang jeden Tag den Gang." Wir sind gewarnt: schlüpfen in die roten Plastik-Sandalen aus dem Wandregal, öffnen die Tür mit dem drohenden Pappschild und treten ein. Weißer Plastikboden, weiße Plastikwände, weiße Plastikdecke. Zehn Schritte, dann wieder eine Tür. Noch mal Schuhe wechseln, mit blauen Sandalen geht es durch die dritte Tür. Wir kommen in einen weißen Plastikraum, fensterlos, mit Neon ausgeleuchtet. In der Mitte zwei Tische mit Apparaten und einem Mikroskop – und in der hinteren Ecke ein Panzerschrank. Wie eine Antiquität wirkt sein blaugrauer Stahl im coolen Ambiente. Eine Assistentin hat den Zahlencode am Tresorschloß eingestellt, mit zwei Schlüsseln entriegelt und die schwere Tür aufgezogen.

Der Professor holt Schachteln und Dosen heraus, so klein, daß die Zettel mit den langen Registriernummern kaum Platz darauf haben. Er öffnet eins der Schächtelchen, greift vorsichtig mit der Pinzette hinein, legt etwas unter das Mikroskop. Lädt ein zu einem Blick ins Okular. Im Licht der Vergrößerungsapparatur glänzt ein metallisches Kügelchen, übersät mit winzigen Erhebungen und Kratern – ein Ding, kostbarer als Diamanten, kostbarer als Brillanten. Kostbarer als alle Edelsteine der Erde: Mondgestein.

Das vor irdischen Staubfasern und verrückten Sammlern

geschützte Material vom 400 000 Kilometer entfernten Trabanten haben die Amerikaner mit den Apollo-Kapseln auf die Erde geholt. „Diese Steine", sagt der Professor, „enthalten Informationen über physikalisch-chemische Prozesse im frühen Sonnensystem. Wir haben ihr Alter bestimmt. Der Mond hat sich vor etwa 4,6 Milliarden Jahren gebildet." Ob der Satellit unseres Planeten zusammen mit der Erde aus einem Urnebel entstanden ist oder ob er gar von ihr ausgespuckt wurde, weiß bis heute kein Wissenschaftler. Klar ist nur: Nach des Erdtrabanten Geburt kamen turbulente Entwicklungsjahre. Lavaströme quollen aus seinem Inneren, und aus dem All bombardierten ihn riesige Asteroiden. „Das jüngste Gestein von dort ist 3,1 Milliarden Jahre alt." Seither scheint der Mond zur Ruhe gekommen zu sein.

„Mit den Mineralien vom Mond haben wir auch Material von der Sonne im Labor"

Im Plastikraum doziert über den Weltraum Till Kirsten – Professor für Kernphysik. Sein Arbeitsgebiet: die Erforschung der Entwicklungsgeschichte unseres Planetensystems. Kurze, graue, nach vorn gekämmte Haare, eine Narbe über dem linken Auge, breites Gesicht mit knolliger Nase – Typ Haudegen. Zusammengekniffene Augen hinter der Goldrandbrille, ruhige Hände, mit denen er überhaupt nicht gestikuliert, eine leise sächselnde Stimme, die sich kaum hebt und senkt – Kirsten hat nicht die Besessenheit eines Trophäensammlers. Jeder Juwelier würde sich im Schein seiner funkelnden Klunker mehr ins Licht setzen. Aber kalt lassen den Professor die Steine aus dem All keineswegs. „Mit den Mineralien vom Mond haben wir auch Material von der Sonne im Labor. Denn der Sonnenwind wird zwar von der Erde durch Magnetfeld und Atmosphäre abgehalten, aber den Mond, den kann er erreichen. Dort dringt er ins Gestein und bleibt darin eingeschlossen." Im Mondstaub dieses Material von der Sonne nachweisen zu können – das, sagt er, war für ihn ein großer Moment.

Das extraterrestrische Material lagert in ausgesprochen ländlicher Adresse – am „Saupfercheckweg Nr. 1”, mitten im Wald, am Hang eines Berges südöstlich der Universitätsstadt Heidelberg – beinah „hinter dem Mond”. „Vor ein paar Jahren”, erzählt der Professor, „liefen noch die Kühe eines benachbarten Bauern an meinem Bürofenster vorbei.” Hier liegt zwischen Buchenhainen und Fichtenwäldchen das Max-Planck-Institut für Kernphysik, ein Dutzend verstreute flache, gelbe Klinker-Bauten. Sie sind vollgestopft mit Büros, Werkstätten und Laboratorien. Eine Kantine, eine Bibliothek, einen Hörsaal, einen Großrechner, ein eigenes Heizwerk und sogar einen Elementarteilchen-Beschleuniger gibt es im Walde.

Wo der Bus in die Stadt so selten fährt, daß viele Max-Planck-Mitarbeiter per Anhalter nach Hause kommen, wird Wissenschaft von Weltruf getrieben. Etwa hundert Forscher – genau läßt sich ihre Zahl nie angeben, weil immer wieder Gast-Wissenschaftler aus dem In- und Ausland kommen und gehen – ergründen in der Heidelberger Abgeschiedenheit unseren Mikro- und Makro-Kosmos: die Struktur von Atomkernen, die zu den winzigen Bausteinen aller Materie gehören, und – die Entwicklung unseres Sonnensystems. Das ist das Feld, das Kirsten beackert.

Längst haben wir wieder die eigenen Schuhe an den Füßen und sitzen am Tisch im Arbeitszimmer des Professors unter dem großen Poster mit den Planeten. Der Raum hat zwar die Ausmaße einer Direktorenresidenz, von Glanz und Pomp aber keine Spur.

Die Regale an der Wand biegen sich: Bücher, Bücher und nochmals Bücher. Auf der weißen Kunststofftafel dazwischen eine wilde Skizze aus Filzstift-Formeln. Der Schreibtisch eine einzige Ablage für Papiere. Da stapeln sich wissenschaftliche Arbeiten und Akten zu Türmchen und Türmen – alle schräger als der in Pisa. Dazwischen Aschenbecher und Zigaretten, Till Kirstens unentbehrliche Utensilien. Normalerweise sitze und laufe er mit Jeans und Pullover hier rum, entschuldigt sich der Professor für seinen Aufzug. Das dunkelblaue Sakko habe er nur für den Fotografen angezogen. Den Kaffee, den wir trinken, hat er von der Maschine nebenan selbst geholt – er mag es nicht, sich von der Sekretärin bedienen zu lassen. Das Kapitel Mond, erzählt er, mit einer nicht brennenden Zigarette zwischen den Lippen, sei bei seinen Forschungen nun erst einmal abgeschlossen. „Wir müssen das Material langsam auch mal wieder an die Nasa zurückgeben." Er redet wie über Pfandflaschen, die wieder zum Kaufmann müssen.

Und nun, nun sei das dran, was gerade durch das Fenster in sein Arbeitszimmer scheint – die Sonne.

Szenenwechsel. Ein Tunnel in den Abruzzen, 140 Kilometer nordöstlich von Rom. Das Licht der Autoscheinwerfer bohrt sich durch Finsternis und Wasserdampf, die nur hin und wieder von den Wandstrahlern schwefelgelb illuminiert werden. Nach kilometerlanger Schleichfahrt durch Rinnsale und vorbei an Wasserfällen stehen wir, uniformiert mit gelben langen Ölmänteln, in einer riesigen Höhle. Das mächtige betonverkleidete Gewölbe ist so groß wie ein Fußballfeld und so hoch wie ein sechsstöckiges Haus: 92 Meter lang, 17 Meter im Durchmesser. Ein Bagger, der mit seinem abgespreizten Schaufelarm im Bergloch ruht, wirkt klein wie eine Ameise im Maulwurfsgang. Es ist so kalt, daß aus den Mündern unter den weißen Helmen Atemfahnen wehen. Die Verständigung ist nur mit kräftiger Stimme möglich, weil das Gebläse eines gigantischen Föns faucht. Der Luftstrom soll den noch feuchten Zement an Wänden und Decken – einen Meter dick – schneller abbinden lassen. „Hier", schreit Professor Kirsten gegen das Getöse an und macht eine für ihn untypisch raumgreifende Gebärde in die Düsternis hinein, „hier kommt das Experiment rein."

Vor drei Jahren haben italienische Ingenieure und Bergleute mit den Sprengarbeiten für das „Laboratorio di Fisica Nucleare" begonnen. Insgesamt drei Hallen wollen sie in den Abruzzen ins Gran-Sasso-Massiv sprengen. Wenn die Unter-Tage-Arbeiten fertig sind, werden der Heidelberger Kernphysiker und seine Mannen im Bergloch ein Labor einrichten und ihre Apparaturen aufstellen. Es klingt absurd: Ausgerechnet hier unten, wo 1200 Meter massives Dolomit-Gestein den Forscher von Licht und Wärme der italienischen Sonne trennen, will Till Kirsten die Erleuchterin der Erde enträtseln. Das Experiment wird weltweit einmalig sein. Und astronomisch viel kosten: fünfzig Millionen Mark.

Die Sonne ist ein gigantischer Fusionsreaktor

Seit Jahren schon bereitet der Professor die Sonnenforschung unter Tage vor, einen Versuch, der den „ersten experimentellen Beweis liefern soll, ob wir wirklich verstehen, warum die Sonne scheint". Das Zentralgestirn, von den Naturvölkern als göttliches Wesen und von den Bürohokkern unserer Tage als Hautbräuner verehrt, ist für den Naturwissenschaftler eine brennende Gaskugel, die ihre Hitze aus einem nuklearen Schmelzofen in ihrem Zentrum bezieht. Unser modernes astronomisches Weltbild, erklärt der Professor, beruhe auf der Vorstellung, daß unsere Sonne ebenso wie die meisten anderen Sterne ein gigantischer Fusions-Reaktor sei, in dem Kerne des Elementes Wasserstoff verschmolzen werden. Doch ob sich diese Vorgänge auch wirklich im Sonneninneren abspielen, hat nie ein Mensch beobachten können. Das sei folglich nur eine Theorie, auch heute noch. „Ich zweifele nicht daran", sagt Kirsten, „aber ich finde, daß wir verpflichtet sind, die fundamentalen Tatsachen unserer Naturerkenntnis nicht nur aufgrund noch so plausibler Modelle zu akzeptieren, sondern daß wir sie experimentell beweisen müssen."

Um den Beweis für das „Sonnen-Modell" zu erbringen, will der Physiker im italienischen Untergrund die „einzigen direkt beobachtbaren Zeugen aus dem Sonneninneren" einfangen: Neutrinos. Das sind kleinste, nicht einmal mit den leistungsfähigsten Mikroskopen erkennbare Elementarteilchen – Winzlinge, die bei einer Reihe physikalischer Prozesse in Atomkernen entstehen. Auch im 15 Millionen Grad heißen Zentrum der Sonne – wenn Kerne des Elementes Wasserstoff zu Heliumkernen verschmelzen. Wie viele der Neutrinos der Glutball aussendet, das gehört zu den zentralen, bisher ungelösten Problemen der Physik.

Neutrinos durchdringen alle Materie mit Leichtigkeit

Die Teilchen, die mit Lichtgeschwindigkeit durchs All schießen und in acht Minuten die 150 Millionen Kilometer zur Erde durchfliegen, sind wohl die merkwürdigsten aller Materiebausteine: Sie durchdringen alles mit Leichtigkeit, fast ohne Spuren zu hinterlassen. Selbst das Gran-Sasso-Massiv. Nicht einmal Erde und Sterne sind für sie eine Barriere. Neutrinos sind wahre Geisterteilchen. „So wie Sie da stehen", klärt mich Kirsten auf, „rasen jede Sekunde viele Milliarden davon allein durch eine einzige Ihrer Fingerkuppen."

Ein Gedanke, der die Phantasie sprengt. Denn keiner spürt den kosmischen Beschuß, kein Leib ist von Löchern perforiert. „Eben", lacht Kirsten, „weil die Teilchen so gut wie keine Spuren hinterlassen, sind sie ein Alptraum für den Experimentalphysiker, der sie nachweisen will." Dennoch – so paradox es klingt: Der Professor und seine Mitarbeiter wollen die Neutrinos fangen und zählen. Um vor „Störenfrieden" sicher zu sein, muß die Falle der Elementarteilchenjäger unter Tage stehen. Denn nur durch eine sehr, sehr dicke Gesteinsschicht gelangen ausschließlich Neutrinos und keinerlei andere Strahlen und Teilchen, die die Experimente der Heidelberger Wissenschaftler verfälschen könnten. Die Gran-Sasso-Höhle ist fälschungssicher.

Till Kirsten – ein Mensch, der nach den Sternen greift. Doch der Mann, der Mond und Sonne erforscht, steht mit beiden Beinen auf der Erde. So sehr er mit Haut und Haaren Physiker ist, so wenig ist er der verbohrte Naturwissenschaftler, der an nichts anderes außer an das Weltall und Neutrinos dächte. Daß seine Sekretärin ihm nachsagt, daß er trotz 16jähriger Zusammenarbeit gelegentlich immer noch mit unberechenbaren Launen im Büro auftaucht, dazu zuckt er die Schultern. Er sei „bekennender Sachse", erzählt Kirsten – wieder unter dem Plakat in seinem Heidelberger Büro – und sähe „überhaupt keine Veranlassung", sich „hier in der süddeutschen Diaspora dieser Eigenschaft zu schämen". Im Gegenteil, sagt der Mann mit dem Genscher-Zungenschlag. Er lacht. „Ich habe das Gefühl, daß die Sachsen hier das Salz in der Suppe sind." Aber das Alter seiner Tochter aus erster, geschiedener Ehe weiß er nicht genau – da muß der Mann passen, dessen „ungeheuer großes Gedächtnis" sonst von allen bewundert wird. „In Geburtstagen bin ich schlecht." Zehn Minuten schon spricht der Professor mit einer nicht brennenden Zigarette zwischen den Lippen. „Ich vergesse meist, sie anzustecken." Die Narbe über dem Auge, derentwegen sei er früher öfter als schlagender Korpsstudent verdächtigt worden. In Wirklichkeit hat er sie sich bei einer Rauferei als Achtjähriger eingehandelt. „Ich habe Burschenschaften gehaßt."

Er heißt Till, weil Eulenspiegel sein Vorbild sein sollte

Kirsten, dem sein Vater den Vornamen Till gab, weil er sich in Eulenspiegel ein Vorbild für seinen Sohn wünschte, wurde vor 49 Jahren in Leipzig geboren. Der Vater war Steuerberater, Oberhaupt einer „Familie, die dem östlichen Staatswesen sehr kritisch gegenüberstand". Der hatte eine große Bibliothek und „pfropfte" den Sohn „mit Literatur voll". In der Schule, erzählt Kirsten, habe er überhaupt keine Probleme gehabt, „alles mit links gemacht". Aber „der Mangel an Meinungsfreiheit" in der DDR habe ihn „immer gestört. Ich habe gestänkert und gelästert, wo es nur ging". Mit fünfzehn Jahren stand fest, daß er sich in den Westen absetzt, sobald er die Reifeprüfung hat. Zwar bewarb er sich nach seinem „Superabitur" an der Uni Leipzig. Doch er bekam, wie erwartet, einen Ablehnungsbescheid. Er lacht, und seine Schultern wippen dabei. „Ich weiß noch fast wörtlich, was da drin stand: Vom Fachwissen her hervorragend geeignet, leider erfüllen Sie jedoch die Voraussetzungen nicht in jeder Beziehung in voller Weise."

„Die Schönheit der Mathematik hat mich schon früh begeistert"

Till Kirstens Flucht in den Westen sei dann „ganz einfach" gewesen. „Mit achtzehn fuhr ich nach Berlin, setzte mich in die S-Bahn und ratterte über die Grenze. Ich hatte die volle Unterstützung meiner Eltern, und ich wußte, ich bin gut genug, um mir im Westen ein Stipendium für ein Studium zu verschaffen." Zwei Berufsideen haben den Flüchtling gereizt. Journalismus oder Mathe und Physik. Kirsten raucht wieder seit einer Viertelstunde kalt.

Als er sich nach einem Studienplatz für Journalismus umblickte, sei er „nicht fündig geworden". Dabei hatte er sich ein Leben als Redakteur oder Korrespondent, „wo man viel in der Welt rumkommt", gut vorstellen können. Also studierte er zunächst Mathematik. „Die Schönheit der Mathematik hat mich begeistert. In den philosophischen Fächern ist immer alles Ansichtssache. Da habe ich die absolute Wahrheit vermißt. Physik und Mathematik – daran hat mir der nackte Realismus imponiert. Wenn ich 'ne Gleichung auf'm Papier habe, da gibt's nur eine Lösung. Entweder ich krieg' sie raus, dann ist sie richtig, oder ich krieg' sie nicht raus, dann ist sie falsch. Damals war für mich alles schön in

Schubladen überschaubar. Für mich war die Welt einfach." Doch die gar zu weltfremden Typen, die ihm während seines ersten Semesters Mathematik begegnet seien, erzählt der Professor, hätten ihn abgestoßen. „Deshalb habe ich mich der Physik zugewandt, weil sie mir ein bißchen lebensnäher erschien, aber trotzdem noch die Eigenschaft einer sogenannten exakten Naturwissenschaft hat." Heute, sagt Kirsten, hätten sich diese Extreme in seinem Denken abgeschliffen, die Schwerpunkte verlagert. „Wenn man Physik nämlich richtig verstanden hat, weiß man, daß auch da der Begriff der Exaktheit äußerst relativ ist", sagt der Professor und lacht, „das erkennt man aber auch erst mit der nötigen Altersweisheit."

Nach drei Semestern Studium in Göttingen ist er herumgereist, „um Deutschland kennenzulernen". Weil ihm der Süden besser gefiel als der Norden, ist er „in Heidelberg kleben geblieben". Zunächst an der Uni. Als er sich dann nach den Möglichkeiten für eine Diplomarbeit umsah, stieß er aufs Max-Planck-Institut für Kernphysik, das damals gerade im Aufbau war. Mit einem der Wissenschaftler dort „hat die Wellenlänge sofort gestimmt". Kirsten zeigt auf das Foto an der Wand, ein Mann mit schwarzem Schnauzbart. „Das war Joseph Zähringer. Er befaßte sich mit Meteoriten, von denen es damals wenige Daten gab. Und ich habe schon immer gern in den Himmel geguckt."

Den deutschen Kernphysikern hatten die Alliierten nach dem Krieg jede Beschäftigung mit Kernreaktoren und Beschleunigern verboten; also arbeitete man am Heidelberger Max-Planck-Institut mit natürlicher Radioaktivität. Die Wissenschaftler bestimmten mit Hilfe des radioaktiven Zerfalls des im Gestein vorkommenden Kalium das Alter von Meteoriten. So ließ sich mit den auf die Erde gefallenen Asteroiden-Bruchstücken die Geburtsstunde unseres Planetensystems abschätzen. „Als kleiner Diplomand", erzählt der Professor und sucht immer noch vergeblich in den Anzugtaschen und unter den Büchern auf dem Tisch nach Feuer für die Zigarette, „habe ich in Tag- und Nachtarbeit sechzig Stein-Meteoriten untersucht, die Basis für die Festlegung des Alters des Sonnensystems aufgrund von Meteoritenmessung." Eine Arbeit, die zeigt, daß Meteoriten vor etwa 4,6 Milliarden Jahren erkalteten und sich demnach zu dieser Zeit auch unsere Planeten gebildet haben müssen. Eine Arbeit, findet Kirsten, „auf die man stolz sein darf".

Große Chancen, aber auch große Enttäuschung in den USA

Das ist er auch auf seine Doktorarbeit. Er schreibt einen Formel-Wald auf ein Stück Papier. „Das war mein großes Erfolgserlebnis." Von 1961 bis 64 hat er daran gearbeitet und die wissenschaftliche Welt überrascht. Kirsten war es gelungen, zum ersten Mal überhaupt den „doppelten Beta-Zerfall", einen äußerst seltenen radioaktiven Zerfall von Atomkernen, nachzuweisen. 1970 erhielt er dafür den „Röntgenpreis". Die „fünftausend Mark waren für mich damals ein Vermögen, dafür konnte ich mir ein neues Auto kaufen."

Vor der Auszeichnung schon, 1965, war der Physiker in die USA gegangen. Da hatten junge Wissenschaftler „viel mehr Chancen als in unserem relativ verkrusteten hierarchischen Uni-System, in dem man nicht am Chef vorbeikam". Das hat Kirsten sehr beeindruckt. „Gelder zu kriegen, stand jedem offen, der glaubte, daß er 'ne gute Idee hatte." Doch die USA-Begeisterung hielt nicht lange. Ihm dämmerte, daß er „nur deshalb so freundlich aufgenommen und gefördert wurde, weil die mich nie als potentiellen Konkurrenten aufgefaßt haben", und enttäuscht fügt er hinzu: „Wenn Sie durchblicken lassen, daß Sie vielleicht bleiben, ändert sich das. Die Amerikaner zeigen vordergründig ungeheure Freundlichkeit. Aber das ist eine dünne Haut, die Sie nicht ankratzen dürfen. Das unverbindliche Smiling leitet einen naiven Abendländer in die Irre. Solch eine oberflächliche Gesellschaft – dort wollte ich nicht mein ganzes Leben verbringen."

Kirsten kehrte 1968 nach Heidelberg zurück. Damals kamen die ersten Mondproben ins Heidelberger Labor. „Apollo 11" bis „Apollo 17" hatten sie mit auf die Erde gebracht, wo sie in verschiedenen Instituten untersucht und datiert wurden. „Wir sind in hohem Maße an diesen Erkenntnissen über den Mond beteiligt", erzählt der Professor und fügt angel-sächsisch hinzu: „Kosmochronologie, das war unser ‚bread and butter'."

Obwohl er ein leidenschaftlicher Wissenschaftler sei – „selber Knöpfchen drehen ist nicht mehr drin". Ins Labor kommt Kirsten, der mit drei promovierten Physikern, acht Doktoranden und Diplomanden, einem Laboranten, einem Glasbläser und einem Team von Elektronikern und Feinmechanikern zusammenarbeitet, nur noch selten. Seine Arbeit ist heute fast ausschließlich Schreibtischarbeit, aber „zu zwei Dritteln wissenschaftliche Schreibtischarbeit": Meßprotokolle auswerten und Veröffentlichungen zu Papier bringen. Er sieht es als sein Schicksal: „Es gibt zwei Möglichkeiten", sagt er, „man ist erfolglos, dann kann man weiter Physik machen, aber erfolglose Physik. Oder man ist erfolgreich, dann wird man systematisch daran gehindert, weiter Physik zu machen."

Kirsten bezeichnet sich als „Spätmensch". Er kommt um halb zehn morgens ins Büro, bleibt dafür bis abends um sieben. „Zu 'ner Arbeit am Stück kommt man meist während der regulären Arbeitszeit nicht. Ich bin nie fertig – das ist übrigens das Kriterium für diesen Beruf", sagt er, „ich nehme mir immer Arbeit mit nach Hause, ich habe immer irgendwas im Kopf, selbst in den Ferien, man kann damit nur leben, wenn man seinen Beruf auch mag, sonst ist es tödlich." Sein Zuhause ist gleich nebenan: 100 Meter Luftlinie nördlich seines Büros. Dort bewohnt er auf dem waldigen Institutsgelände am Hang, Saupfercheckweg Nr. 4, in einem der gelb geklinkerten Bungalows eine Dienstwohnung. Zusammen mit seiner zweiten Frau, mit der er zehn Jahre verheiratet ist – Emiko, eine Japanerin. Was weiß sie von seiner Arbeit? „Ich mache keinen Versuch, aus ihr eine Physikerin zu machen", sagt der Physiker, „ich habe immer meine Kollegen bedauert, die mit einer Naturwissenschaftlerin verheiratet waren." Er lacht, und seine schöne Frau mit den langen schwarzen Haaren auch. So sehr, daß ihre Augen vollkommen zwischen Stirn und Wangen verschwinden. „Von Neutrinos verstehe ich nicht viel", sagt die Fremdsprachenkorrespondentin in reinem Deutsch, „aber gerade, daß er seinen Interessen und ich meinen nachgehe, das hat sich bei uns sehr bewährt."

Den Kernphysiker fasziniert das Spiel um Bauern und Könige

Mit „seinen Interessen" meint sie auch die Besessenheit ihres Mannes vom Schachspielen. Er ist ein leidenschaftlicher Kämpfer um Bauern und Könige. „Wenn Sie es leistungsmäßig spielen wollen", bedauert er, „brauchen Sie viel Zeit. Das verträgt sich nicht mit dem Beruf." Deshalb sitzt er am karierten Brett heute nur noch „ab und zu mal" – bei Wettkämpfen mit seinem Verein.

Daß die Kondition nachläßt, erzählt Kirsten, das merke er auch daran, daß er „früher manche Nacht durchgemacht" habe, was „heute nicht mehr drin" sei. Bei Institutsfesten, wissen des Professors Mitarbeiter, sei ihr Chef „immer einer der Aktivsten" gewesen. Einer, der „immer dabei war, Unfug zu machen". So ist der Physiker bei einer nächtlichen Säuberungsaktion der Festräume mit einem Feuerwehrschlauch zur Tat geschritten, und auch bei einem Motorradrennen auf dem Dach der Kantine war er mit von der Partie.

Da hat der Mann gewiß seinem Vornamen alle Ehre gemacht.

Lebenslust offenbaren auch Till Kirstens Zukunftspläne: Nach seiner Pensionierung geht's in die Wärme. Er weiß von „einer Windmühle auf einer Karibik-Insel". Da will er dann leben – und sich die Neutrinos egal sein lassen.

Bis dahin jedoch gilt noch das Verbot, das der Elementarteilchenjäger im Institut verhängt hat: „Kein Alkohol, keine Schachbretter". Denn die Vorbereitung für den großen Versuch laufen auf Hochtouren. Kirsten, seine Jacke hat er längst einer Stuhllehne vermacht, den Kragenknopf hat er geöffnet, will die Arbeit seines Teams zeigen. Vorbei geht es am „schwarzen Brett" vor seinem Arbeitszimmer, an dem ein Plakat zu einer internationalen Neutrino-Konferenz in Japan einlädt (Kirsten: „Da fahre ich hin"), vorbei geht es am großen, mit Kratern übersäten Mondglobus und am viele Tonnen schweren Steinmeteoriten im Treppenhaus. Über die Flure – hinein in die offenstehenden Türen, aus denen die warme Luft aufgeheizter Elektronik quillt. Drinnen arbeitet das Neutrino-Team mit Lötkolben und Meßgeräten an Schränken voller Mikrochips, Bildschirmen und Zählwerken. An unüberschaubaren Labyrinthen gläserner Rohre und Kolben, die unter Vakuum stehen, drehen Wissenschaftler Hähne, erhitzen Flüssigkeiten und kühlen sie wieder ab. An Apparaten mit magnetischen Feldern, die Papierstreifen mit endlosen Kurven ausspeien, beobachten Forscher jeden Ausschlag. Hektische Vorbereitungen für das große Experiment.

Obwohl die Geisterteilchen so schwer nachweisbar sind, ist es Kirsten, den Physikern Dr. Wolfgang Hampel, Dr. Gerd Heusser und dem Datenverarbeitungsspezialisten Dr. Jürgen Kiko gelungen, eine Neutrino-Falle auszutüfteln. Die Forscher wissen: Wenn ein Neutrino auf ein Atom des chemischen Elementes Gallium trifft, kann es davon eingefangen werden. Dann wandelt sich das Gallium in ein Germanium-Atom um. Das ist radioaktiv, läßt sich deshalb also nachweisen. Nur: Solche Neutrino-Einfänge sind so selten, daß man etwa 30 Tonnen Gallium braucht, damit ganze zehn Germanium-Atome pro Woche entstehen. Und das ist die unterste Grenze für das Ansprechen der Zähler. 30 Tonnen Gallium also das Minimum zum Nachweis. Diese sprichwörtliche Stecknadel im Heuhaufen, von der man dann den gesamten Fluß der Sonnenneutrinos hochrechnen kann, gilt es, mit hochempfindlichen Zählrohren sicher zu messen. Und bevor gezählt werden kann, muß noch das Problem geknackt werden, die wenigen Germanium-Atome aus dem Meer von Gallium zu trennen. Kirsten: „Dafür ist eine Arbeitsgruppe vom Kernforschungszentrum in Karlsruhe Experte. Sie arbeitet mit uns zusammen."

In zwei Jahren wird die Elementarteilchen-Falle komplett sein, schon jetzt gibt es Italienisch-Kurse im Heidelberger Max-Planck-Institut. 1989 wird im Gran-Sasso-Tunnel „Gallex", so die Abkürzung für das Experiment, aufgebaut: ein Gallium-Tank samt Zählwerk. Mit den Messungen wollen die Wissenschaftler Ende 1989 beginnen. Dann mindestens vier Jahre öde Meß-Routine. Erst 1994 ist das Hauptergebnis des Neutrino-Experimentes zu erwarten. Dann wird die Welt nicht nur erfahren, wie viele Neutrinos die Sonne produziert, sondern auch, wie die Zukunft unseres Weltalls aussieht.

Bisher haben Physiker angenommen, daß die Teilchen masselos sind. Wenn allerdings die Neutrinos – und dafür spricht einiges – auch nur eine winzige Masse besäßen, sagt Kirsten, „wird uns das bei der Realisierung des alten Menschheitstraumes helfen, die Naturkräfte und Bausteine der Materie auf ein möglichst einfaches Ordnungsprinzip zurückzuführen". Und: Die Konsequenzen für unseren Kosmos wären gewaltig. Weil es nämlich im Weltall von Neutrinos nur so wimmelt, hätten die Astrophysiker bei der Schätzung der Gesamtmasse des Universums bisher immer einen Fehler gemacht. Die ist nämlich dann in Wirklichkeit viel größer, weil der überwiegende Teil der im Weltall existierenden Materie aus Neutrinos bestünde. Das könnte gewaltige Folgen für die Theorien von der Entwicklung unseres Kosmos haben: Möglicherweise leben wir dann gar nicht in einem offenen Weltall, das sich seit seiner Entstehung vor 16 Milliarden Jahren auf alle Ewigkeit immer weiter ausdehnt. Gewaltige Gravitationskräfte, verursacht durch die Neutrinomasse, hielten dann vielmehr die Himmelskörper stärker als vermutet zusammen. Das aber könnte zur Folge haben, daß die kosmische Expansion irgendwann einmal abgebremst, unser Weltall vielleicht sogar kollabieren und einen neuen Urknall erleben würde.

Erlebt das Weltall einen neuen Urknall?

Eine Erkenntnis, die dann 50 Millionen Mark gekostet hat. Das Geld für den Neutrino-Versuch werden die Münchner Max-Planck-Gesellschaft, das Bonner Bundesministerium für Forschung und Technologie, die Essener „Alfried Krupp von Bohlen und Halbach-Stiftung" und am Projekt beteiligte ausländische Institute zusammenlegen. Eine Summe, wie sie das Bonner Entwicklungshilfe-Ministerium in einem Jahr für „humanitäre Hilfe" ausgibt, um Opfern von Naturkatastrophen und Kriegen in der Welt zu helfen.

So viel Geld für ein Experiment ohne jeglichen praktischen Nutzen? „Wir sehen uns keineswegs als Verschwender von Steuergeldern", sagt Kirsten. „Ich bin kein Vertreter einer vordergründigen Teflon-Pfannen-Ideologie." Zwar falle auch bei der Grundlagenforschung manche praktische Anwendung ab wie bei der Weltraumfahrt die berühmte Pfannen-Beschichtung, doch sei solche Forschung wie etwa das

„Gallex"-Experiment eine Frage des Selbstverständnisses der Gesellschaft. „Sich Grundlagenforschung leisten zu können, das unterscheidet beispielsweise eine Industrienation von einer Bananenrepublik", sagt der Physiker. „Wenn man beschließt, das sei nicht drin, dann soll man das beschließen und sich aus der Reihe der Industrienationen ausklinken."

„Um Gelder locker zu machen", berichtet Kirsten, grinst, geht zum Regal und zieht ein Buch mit rotem Einband heraus, „habe ich dieses Werk studiert." Titel: „How to Get Grants" – Wie man Zuschüsse bekommt. „Ich weiß nicht mehr", sagt der Professor, „wie oft ich in Bonn und München war." Das größte Problem war die Beschaffung des Galliums. „Wir brauchen die halbe Welt-Jahresproduktion von Gallium für unsere Tanks." Eigens um diese 30 Tonnen zu produzieren, baut nun die Schweizer Anlagenbau-Firma Sulzer eine neue Fabrik im amerikanischen Gramercy bei New Orleans in Louisiana. Der große Aufwand bei seiner Herstellung – es wird aus Bauxit als Nebenprodukt der Aluminium-Erzeugung gewonnen – macht das silbrigweiße, weiche Metall sehr teuer. Der Preis „liegt bei einer Million Mark pro Tonne".

Was unterscheidet eine Industrienation von einer Bananenrepublik?

Bis im nächsten Jahrzehnt die ersten Ergebnisse des Neutrino-Experimentes und die Konsequenzen für unser Wissen über das Weltall vorliegen, habe er, gesteht Kirsten, schon gewisse „Alpträume": „Stellen Sie sich mal vor, eines schönen Nachts klingelt das Telefon, und jemand sagt: ‚Bei euch läuft die Brühe aus.'" Hat er auch andere Träume? Träume, daß eines Tages zwischen Blumengebinden in Stockholm die Fanfaren erklingen? Und der schwedische König dem mit Frack verkleideten Pullover-Physiker den Nobelpreis überreicht? Da wehrt der Professor ab: „Gegen solche suggerierte Meriten bin ich allergisch. Man soll nie das Fell des

Bären verteilen, bevor man ihn geschossen hat. Ich weiß, was ich wert bin. Ich laß' mir nicht die Butter vom Brot nehmen. Ich bild' mir aber auch nicht ein, der große Zampano zu sein. Bei der Frage nach dem Nobelpreis geniere ich mich einfach so, wie wenn einem kleinen Mädchen gesagt wird: Du bist hübsch."

„Im übrigen", sagt der Professor, eine nicht angezündete Zigarette zwischen den Lippen, und kramt mit seinen Händen in all seinen Taschen nach Feuer, „haben Sie mir doch hoch und heilig versprochen, daß Sie mich nicht zum Elementarteilchen-Papst aufmotzen."

Das geheimnisvolle Labyrinth

Reinhard Horowski
untersucht in einer Forschungsabteilung der Schering AG die Manipulierbarkeit des menschlichen Gehirns – auch im Selbstversuch

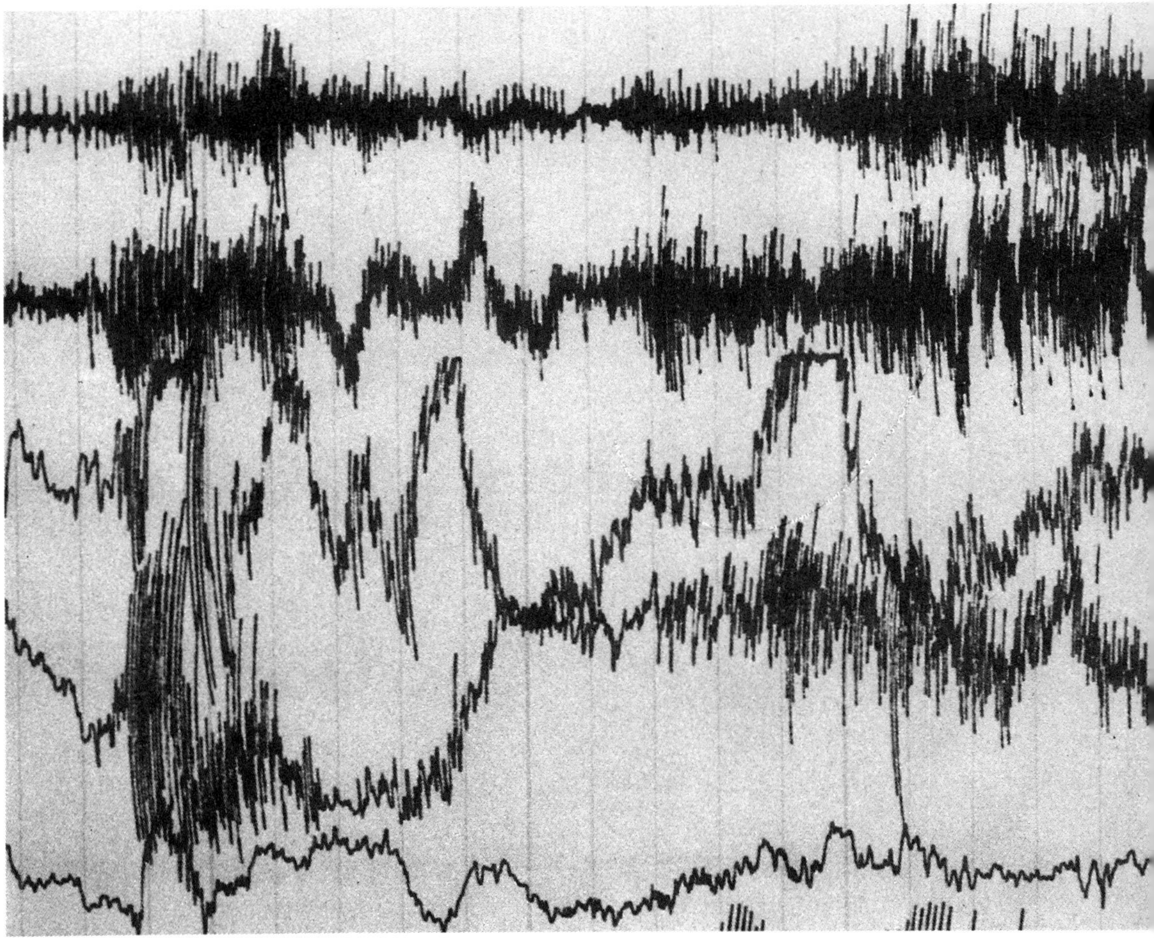

Mit den Kurven der Gehirnströme wird die Wirkung neuer Medikamente festgestellt. – Im Labor fühlt Horowski einem Test-Kandidaten den Puls

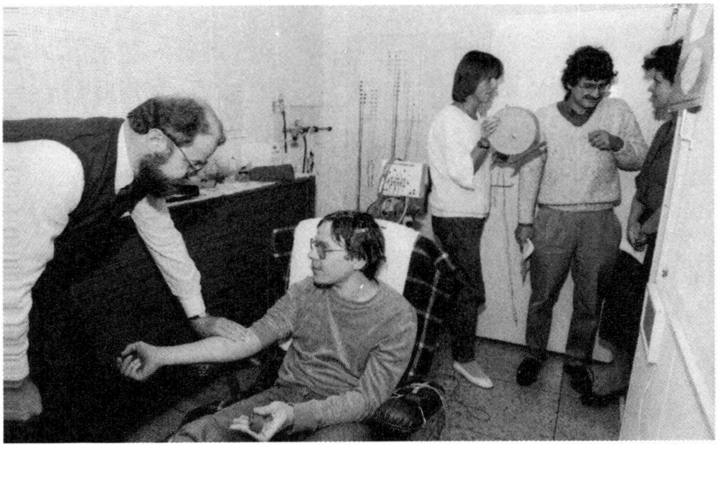

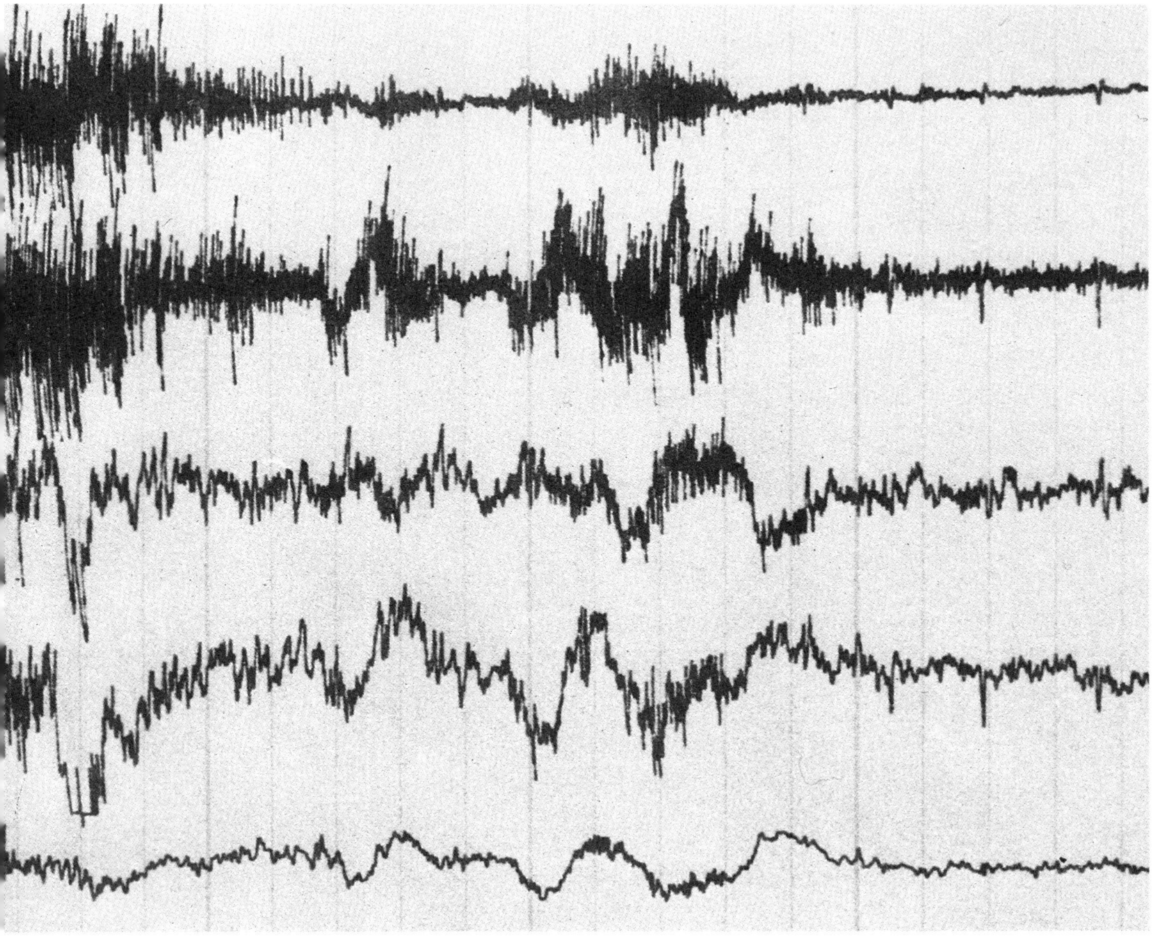

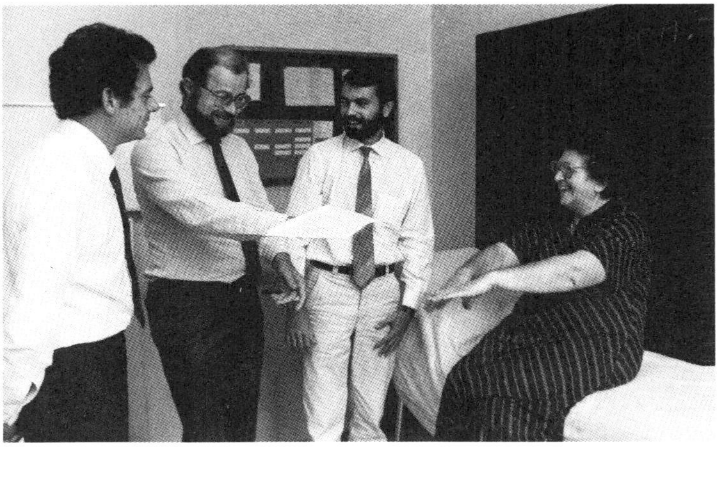

Der Mediziner mit zwei italienischen Kollegen am Bett einer Parkinson-Patientin. In Rom wird ein neues Schering-Präparat gegen die Schüttellähmung erprobt

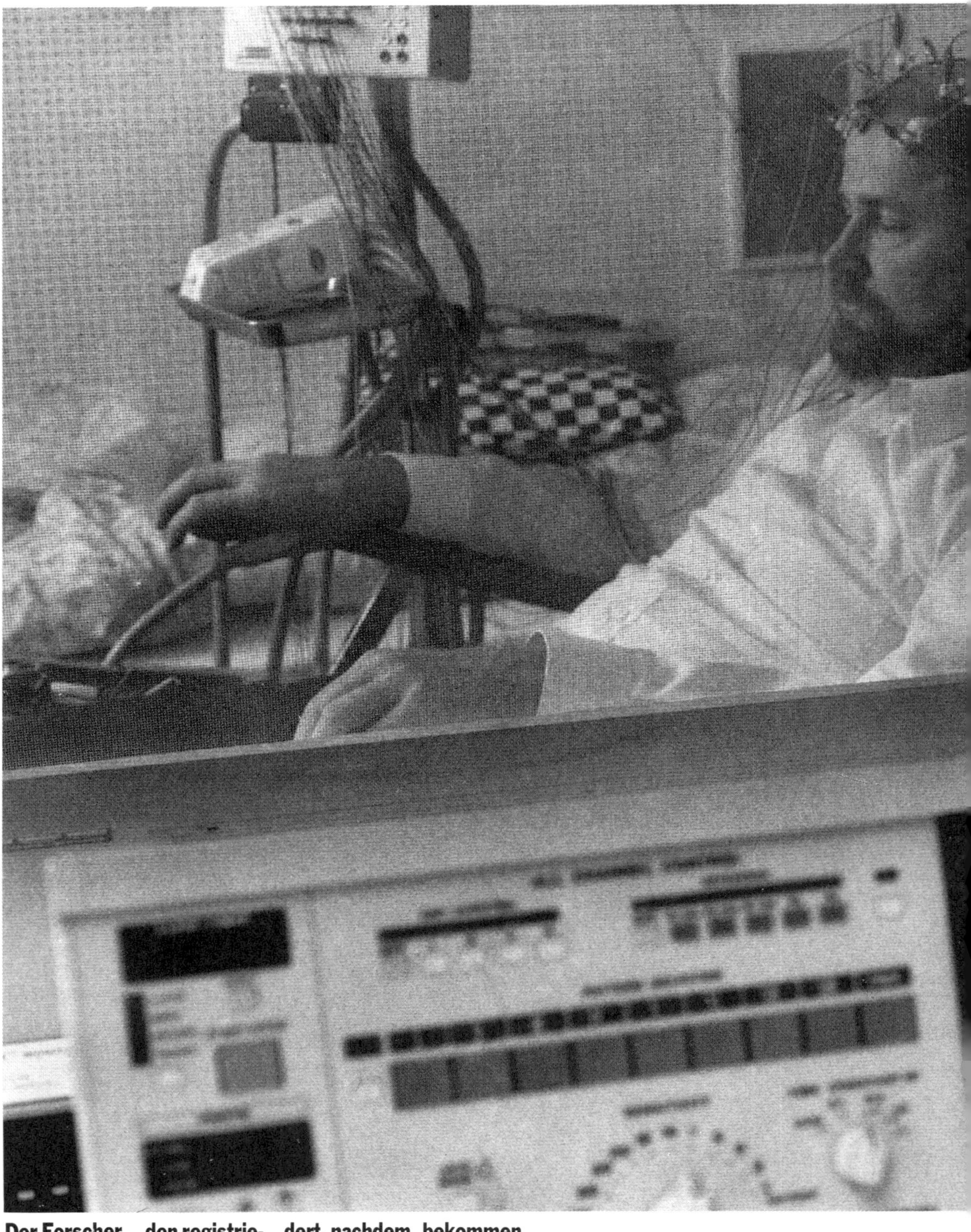

Der Forscher im Selbstversuch. Aufgeklebte Elektroden registrieren, was sich in Horowskis Kopf verändert, nachdem er im firmeneigenen Labor eine Substanz bekommen hat, die gegen Schizophrenie wirken soll

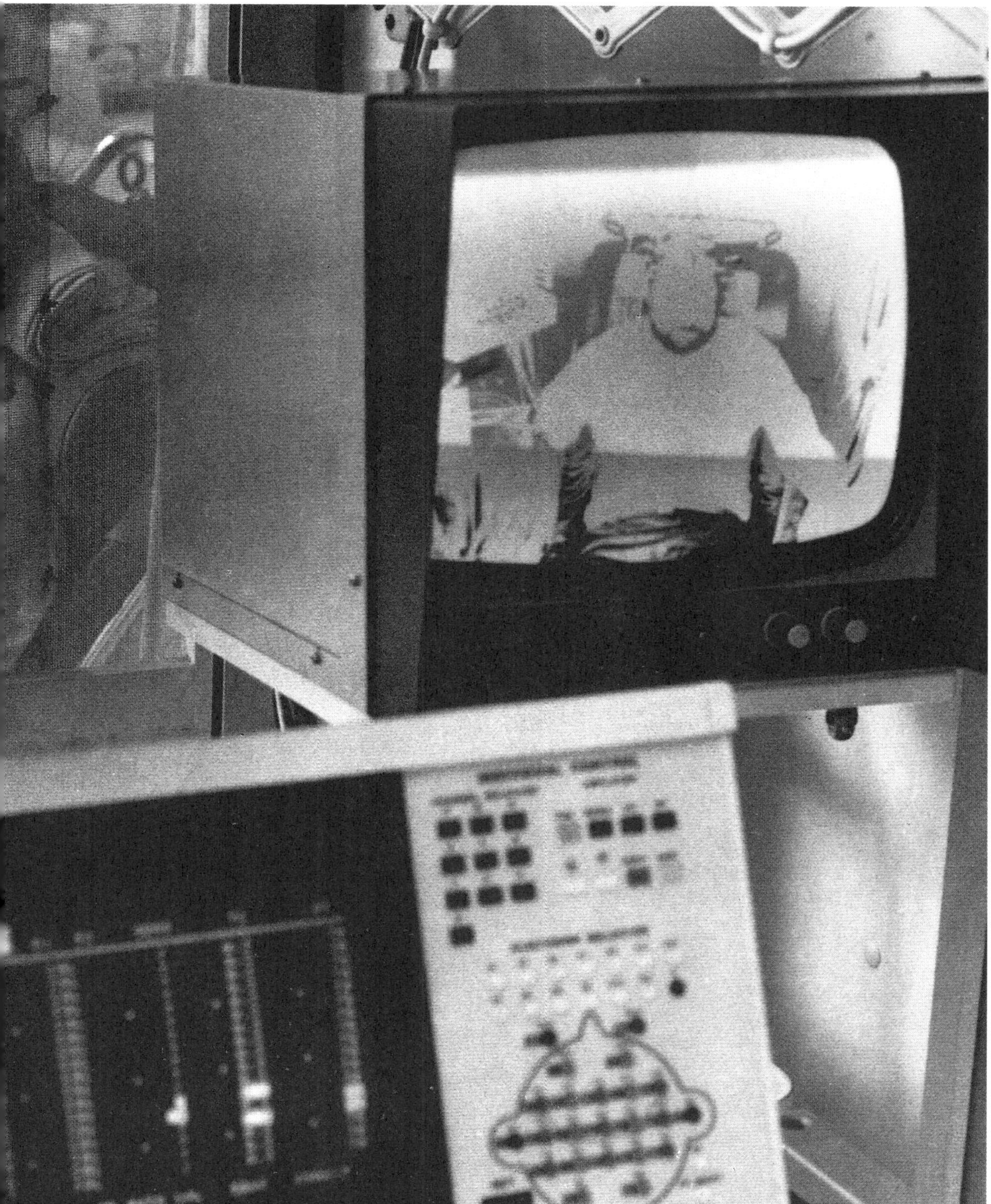

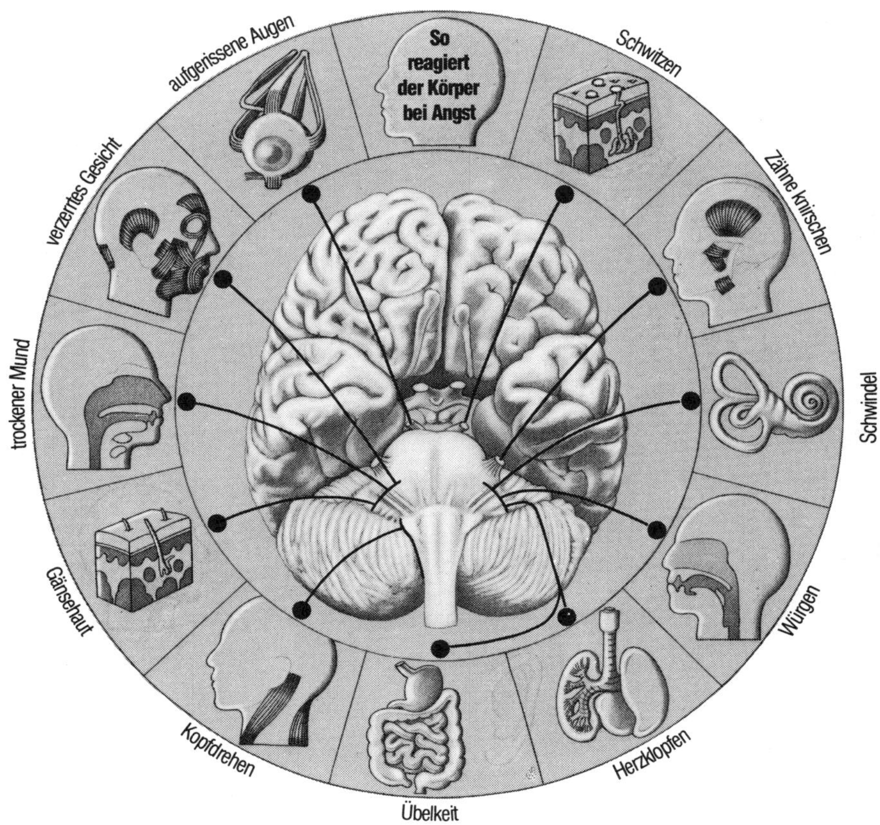

Einblick in das unbekannte Labyrinth (Bild rechts). Das Gehirn ist die größte Drüse des Menschen und das komplexeste Gebilde der lebendigen Natur. Vergleichbar dem Welt-Telefonnetz mit Millionen von Schalt- und Sprechstationen. Der Bauplan dieses Computers im Kopf wird von den Gehirnforschern allmählich enträtselt. Sie kennen heute schon einzelne Schaltpläne und können den Informationsfluß rekonstruieren, der beispielsweise bei Angst zwischen den verschiedenen Nervenzellen abläuft. Weite Teile des Gehirns sind aber noch weiße Flecken auf der Karte der Neurowissenschaft. Das Programm, nach dem der Computer im Kopf arbeitet, ist unbekannt

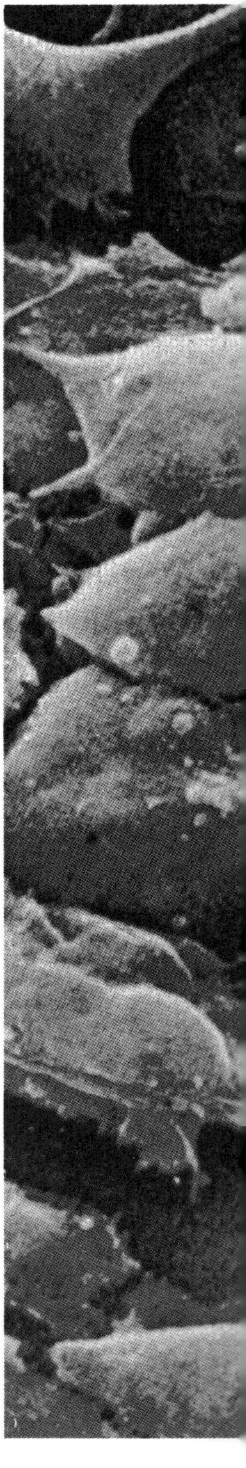

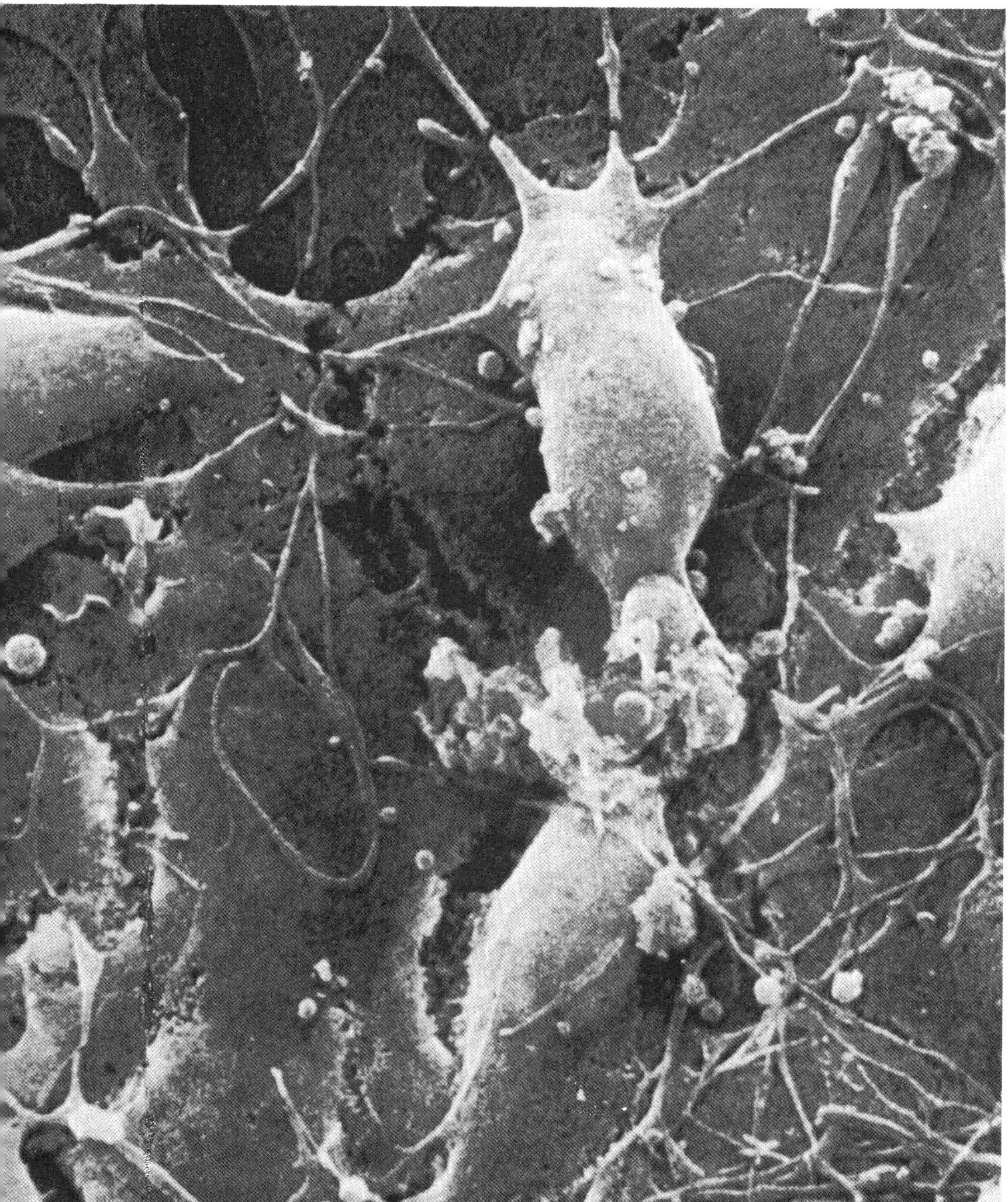

Für Hobby und Familie bleibt kaum Zeit. Nur noch selten kommt der Berliner Gehirnforscher zum vogelkundlichen Streifzug durch die feuchten Wiesen am Tegeler Fließ oder zu einem Pizzeria-Besuch mit Tochter und Sohn

Das geheimnisvolle Labyrinth

Dr. med. Reinhard Horowski wäre gern bei der Völkerwanderung dabei gewesen. „Alles im Aufbruch, alles unterwegs, überall Chaos – wunderbar!" Da die Zeit der germanischen Massenmärsche vorbei ist, wurde der schwäbische Juristensohn nicht Fußreisender, sondern Forscher. Und siehe – so groß ist der Unterschied gar nicht. Ob mit den Vandalen auf dem Weg nach Rom oder mit dem weißen Kittel auf der Suche nach dem Geheimnis der Beta-Carboline: Aufbruch, immer unterwegs, Chaos – alles Alltag.

Was denkt da eigentlich in unserem Kopf?

Völkerwandern wie Forschen folgt dem gleichen Grundsatz: Hinterher weißt du mehr. Vorher nämlich sehr wenig. Zumal, wenn es um das Gehirn geht. „Vielleicht das letzte wirklich große Geheimnis des Menschen." Anatomisch mag die Wissenschaft inzwischen manches wissen, kennt Synapsen, Neuronen, Neuronenverbände. „Aber", tippt sich der Doktor gegen die Schläfe, „wie es da drinnen chemisch aussieht, davon haben wir überhaupt keine Ahnung." Sein Kollege Reiner Dorow beschreibt die Lage so: „Wir hören Beethoven-Musik aus einem Radio. Dann machen wir das Radio auf, entdecken einen Transistor, stellen fest, der ist aus Silicium, und glauben, diese Erkenntnis bringe uns nun dem Verständnis der Musik Beethovens nahe."

Was denkt da eigentlich in unserem Kopf? Was ist Gedächtnis, was Schlaf, was Angst? Was geht vor in diesem gallertig schwabbelnden Pilz, der vom Stiel des Rückenmarks in das Schädelinnere aufsteigt?

Antworten auf Fragen von so grundlegender Bedeutung erwartet man kaum aus einem privaten Forschungslabor, das nicht so sehr auf reine Erkenntnis, sondern Nutzanwendung und Vermarktung seiner Ergebnisse ausgerichtet ist. Die Gehirn-Chemiker Reinhard Horowski und Reiner Dorow sind Angestellte der Schering AG, des sechstgrößten deutschen Pharma-Herstellers. Daß sie sich manchmal mit geradezu philosophischen Fragen herumschlagen – „Kann ein menschliches Gehirn überhaupt ergründen, was das menschliche Gehirn ist?” –, hat einen ganz einfachen Grund: Wer ein Schlafmittel entwickeln will, muß den Schlaf verstehen; wer Arzneien gegen Schizophrenie und andere Schräglagen des Gehirns anbieten möchte, muß begriffen haben, wo er eingreift. So verschränken sich im Alltag dieser Gehirn-Kosmonauten Grundlagen- und angewandte Forschung, Erkenntnisdrang und Marketing.

„Kann ein menschliches Gehirn überhaupt ergründen, was das menschliche Gehirn ist?”

„Klinische Neuropsychopharmakologie” steht zungenbrecherisch auf ihrem Türschild. Dahinter wohnen Hoffnung und Horror einträchtig beieinander. Die Hoffnung auf Waffen gegen Menschheitsgeißeln wie Schizophrenie, Depression, Angst oder die Alters-Verblödung, die medizinisch „Alzheimer-Krankheit” heißt. Der Horror vor dem möglichen Mißbrauch einer fortgeschrittenen Gehirn-Manipulation. Dr. Horowski ist unter den wissenschaftlichen Weichenstellern für den Zug in die Zukunft eine Rarität. Auf die Frage, ob ihn die Arbeiten irgendeines Zunft-Kollegen beunruhigen, wiegelt er nicht ab, sondern sagt: „Ich habe schon vor dem Angst, was wir selber machen.”

Seine Forschungsabteilung hat eine unscheinbare Adresse: Müllerstraße 178, im Berliner Wedding, dem ehemals „roten”. Als während der bewegten zwanziger Jahre in den

Straßen der Nachbarschaft Barrikaden brannten, wurden hier, in einem Backsteingebäude des findigen Fabrikbesitzers Ernst Schering, zum ersten Mal weibliche Geschlechtshormone aus Stuten-Urin gewonnen. Man hoffte seinerzeit auf eine Arznei gegen Altersbeschwerden. Bei Beginn der Massenverarbeitung soll es nicht mehr gut gerochen haben in der Müllerstraße.
Die klassenkämpferischen Gesänge auf den Barrikaden verhallten unerhört, aber die Entdeckung der Chemiker wurde zur Zeitbombe, die dreißig Jahre später, als Scherings erste „Anti-Baby-Pille" (Anovlar) auf den Markt kam, die ganze Gesellschaft umkrempelte.
Horowski wäre 1928 mit Sicherheit in Entscheidungskonflikte geraten. Revolution oder Retorte? Beides findet er unerläßlich für den Fortschritt. Heute fällt dem „Apo-Opa" (Eigen-Etikett) der Politik-Verzicht zwar vergleichsweise leicht. Aber sein Lieblingsgedicht ist immer noch Heinrich Heines „Wintermärchen" mit der Rede des Dichters an die heulenden Wölfe im westfälischen Wald: „Ich bin kein Schaf, ich bin kein Hund/kein Hofrat und kein Schellfisch/ Ich bin ein Wolf geblieben, mein Herz/und meine Zähne sind wölfisch." Seine Bissigkeit beweist der Facharzt für Pharmakologie gern, indem er dem eigenen Firmen-Vorstand widerspricht. Dessen Mitglied Dr. Heinz Hannse sieht Scherings Forschungsflaute im Hormon-Bereich, das Ausbleiben der „Pille für den Mann", „in der Sache begründet". Beim Manne sei halt alles viel schwieriger als beim Weib mit seinem berechenbaren Zyklus. Horowski hält's für eine Ausrede. „Die Männer haben zuviel Angst." Schon unterschwellig werden davon Forschungsentscheidungen und Firmen-Strategien beeinflußt. Meinungsverschiedenheiten mit den Vorgesetzten hat er häufig. Und ist froh, nicht Tür an Tür mit ihnen im modernistischen Leichtmetall-Trakt zu

residieren, hinter den getönten Scheiben und den Firmen-Pförtnern, die das Hauptportal gegen Überraschungsangriffe von Tierversuchsgegnern sichern. In dem benachbarten früheren Mietshaus, wo er arbeitet, sieht es mehr nach Zille-Milieu aus als nach Zeitenwende. Die fünfzig Meter Abstand von der Manager-Etage sind ihm wie eine Gewähr für wissenschaftliche Autonomie und Lauterkeit.

„Es ist schön, eine Beziehung zum ruhigen Teil der Natur zu haben"

Wer am Morgen die Tür der Müllerstraße 178 aufstößt und den begrünten Innenhof betritt, auf dem der Springbrunnen nicht mehr springen darf, weil der Doktor ein Energiesparer ist, trifft auf Wohngemeinschaftsatmosphäre. Blasse Jünglinge kommen auf der Treppe entgegen, gähnende Verschlafenheit in den Gesichtern, Jogging-Schuhe an den Füßen. Es sind Freiwillige, die gegen Entgelt die Nacht in Schlaflabors verbracht haben, Versuchspersonen für die Wirkung irgendwelcher Substanzen auf Gehirnwellen und Schlafverlauf.

Der Fotograf ist enttäuscht vom Ambiente. Beim Stichwort „Gehirn-Forschung" hatte er an Behälter-Batterien gedacht, in denen diverse Gehirne in Nährlösungen zucken. Doch statt in Frankensteins Gruselkammer sieht man durch die offenen Türen Ikea-Möbel. Hier verbringen die „Probanden" halbe Tage und ganze Nächte. Der WG-Eindruck verstärkt sich noch im Arbeitszimmer des Abteilungsleiters. Eine Bombenexplosion könnte hier auch nicht viel ändern. Portweinflasche, Dia-Stapel und Aktenstöße, afrikanischer Häuptlingsschmuck an der Wand, gnädig breitet eine Dieffenbachia ihre grün-gelben Blattwedel über ein ausgetrocknetes Vollglas-Aquarium und ein angetrocknetes Mortadella-Brötchen. Beherrschend auf dem großen Karteischrank: die Steinsammlung. Zu neunzig Prozent selbst geklopft, das meiste daheim auf der Schwäbischen Alb. „Es ist schön, eine Beziehung zum ruhigen Teil der Natur zu haben."

Er selber ist eher unruhig, ein Hektiker, stets auf der Suche, immer etwas noch nicht Erledigtes im Sinn. Dabei äußerlich der Typ des Kleinstadt-Apothekers, zu dem die Strickjacke besser paßt als das Yves-Saint-Laurent-Sakko, das „Geschenk einer Freundin”. Ein vollbärtiger Gelehrter mit sanfter Stimme, hängenden Schultern und freundlich-verlegener Haltung; ein Mann, der noch einen Diener macht, wenn er protestiert; Maulwurfsaugen unter hochgeschobener Brille, die sich dem Kleingedruckten des World Health Report auf Millimeter-Abstand nähern.

Neben dem unvermeidlichen Einstein-Porträt und Picassos melancholischer „Frau mit Rabe” hängt eine grimmige Karikatur der „Geistig-moralischen Wende” an seiner Wand. Und die Flure des Labors schmücken nicht nur Gähn-Bilder zum besseren Einschlafen – grüne Wiesen, weite Wasser, hohe Berge –, sondern auch Protest-Erklärungen gegen Atomkraft und Aufrufe zu Friedens-Demos. Sie wurden nicht einmal vor einer Visitation der Abteilung durch den Vorstand abgehängt und von ihm kommentarlos toleriert. Die leitenden Herren sehen Horowski und seiner Mannschaft genialische und politische Schrullen nach. Denn sie erwarten viel von dem Team der fünfzehn Ärzte, Chemiker, Psychiater, Psychologen und Pharmakologen.

„Was wir heute verkaufen, sind die Ergebnisse der Forschung von gestern”

Dabei schreibt die Abteilung bisher nur rote Zahlen. Bei weitem kommen die neun Millionen, die sie alljährlich kostet, nicht wieder rein. Die Firma sieht's einstweilen mit Geduld. „Wir sprechen nicht von Forschungs-Investitionen, sondern von Kosten”, sagt Vorstandssprecher Hannse und sieht das Verhältnis zwischen diesen Kosten und den erhofften Leistungen ähnlich wie bei der Rentenversicherung: „Ein Generationen-Vertrag. Was wir heute verkaufen, sind die Ergebnisse der Forschung von gestern.”

Doch morgen sollen die Schering-Aktionäre dann tunlichst

verdienen an Horowski und einer pharmazeutischen Neuentwicklung, die von höchsten Hoffnungen begleitet ist. Ihre Vorgeschichte ist ein Forschungskrimi.

Schon vor zehn Jahren machten Pharmakologen die Entdeckung, daß im menschlichen Gehirn ein „Rezeptor" existiert, der Substanzen wie Valium aufnimmt und als Beruhigungsdosis an das zentrale Nervensystem weitergibt. Der Verdacht lag nahe, daß die Natur das nicht nur zum Nutzen der Tranquilizer-Hersteller so segensreich eingerichtet hat, sondern daß es körpereigene Substanzen gibt, die wie Valium wirken. Die hätte man gerne entdeckt, aber ärgerlicherweise gelang es nicht. Bis 1979 der dänische Forscher Braestrup in einem gewaltigen Kraftakt aus gigantischen Urin-Mengen einen Faktor isolierte, der im Gehirn vom gleichen Empfänger geschluckt wurde wie sonst die Dämpfer-Droge. Ein Ruck ging durch die Forscher-Gilde, das Heureka-Gefühl brach aus: Er ist gefunden, der Stoff, aus dem die Ruhe ist!

Er war gefunden, der Stoff, aus dem die Ruhe ist

Braestrups Forschungsfirma, für weitere Entwicklung und Vermarktung ihres Stoffes zu klein, bot Schering im selben Jahr noch einen Kooperationsvertrag an; und seither wird im Wedding emsig die geheimnisvolle Substanz „FG 7142" untersucht. „Wir dachten", erinnert sich Horowski, „wir hätten hier einen Naturstoff vor uns und wollten zunächst die Frage beantworten: Was macht so ein Stoff im menschlichen Organismus?"

Sehr bald stellte sich heraus, daß der Entdecker Braestrup eher ein Erfinder war: sein Stoff war gar nicht körpereigen, sondern entstand erst im Augenblick der Destillation – ein absolutes Kunstprodukt. Aber ein Glücksfall für den Pharmakologen.

Jetzt lief die Untersuchungsmaschinerie im „Mäuseturm" genannten Laborhochhaus an der Müllerstraße auf volle

Touren. Zunächst die üblichen Standard-Tests an Ratten und Mäusen: Wie entwickeln sich unter dem Einfluß der Präparate Sauerstoffverbrauch, Reflexe und Körpertemperatur? Danach differenzierte Versuchsanordnungen: Schlafverhalten, Anspannung und Entspannungsfähigkeit, Motorik und Sozialverhalten der Tiere wurden untersucht. Alle Ergebnisse dieser wochen-, manchmal monatelangen Versuche verglich man kontinuierlich mit den Wirkungen bekannter Standard-Präparate, um herauszufinden, in welchen Bereichen die Weiterentwicklung lohnen könnte. Aus dem Ausgangsmaterial Braestrups wurden 2000 Verbindungen synthetisiert und im Laufe der Tests auf acht reduziert, die besonders interessante Wirkungen versprachen.

Dann waren die Chemiker dran. Sie lifteten die Substanzen. Schönheitsfehler wurden beseitigt. Die Präparate sollten weniger giftig sein, besser schmecken, größere Stabilität haben – aber nichts von der erwünschten Wirkung einbüßen. Zwei Jahre wurden Wesen und Wirkung der Braestrupschen Zufallsentdeckung unter Hochdruck erforscht. Dann setzten sich die beteiligten Wissenschaftler zusammen und formulierten als Summe ihrer Resultate eine Empfehlung: Beginn der Versuche am Menschen.

Beginn der Versuche am Menschen

Horowskis Einsatz. Bis zu diesem Zeitpunkt, Frühjahr 1981, war er nur Beobachter, Gesprächspartner. Jetzt kommen die Beta-Carboline in seine Abteilung. Jetzt wird es Ernst. Denn das menschliche Gehirn ist mit nichts in der Evolution vergleichbar, und alle Tierversuche haben nur geringe Prognose-Fähigkeit für Wirkungen auf das Innere des menschlichen Kopfes.

Besonders interessant erschien nach den Ergebnissen der vorausgegangenen Experimente der „Anti-Valium-Effekt" einer Substanz, eine stimulierende Wirkung auf das zentrale Nervensystem. Von ihr wollte man mehr wissen. Das übliche Verfahren. „Wir schleichen uns ran." Die Tests beginnen mit garantiert unwirksamen Dosierungen, die dann langsam, langsam gesteigert werden. Und noch vor den bezahlten Probanden müssen – ungeschriebenes Gesetz – die beteiligten Pharmakologen und Ärzte selber ran, als ihre eigenen Test-Piloten.

Im firmeneigenen Museum hängt unter anderen Helden-Gedenkstücken auch der Brief eines verblichenen Schering-Forschers mit der gewundenen Erklärung an die Firmenleitung, daß er bei Selbstversuchen seine Niere ruiniert habe. „Geopfert auf dem Altar der Wissenschaft", sage ich, als Horowski durch die Weihestätte führt. „Geopfert auf dem Altar der Eitelkeit", korrigiert er.

„Wir forschen für Arzneimittel, nicht für chemische Kriegführung"

Ein inneres Organ hat ihn der Selbstversuch mit den Beta-Carbolinen nicht gekostet – aber vielleicht ein Stück innerer Sicherheit? Er redet nicht gerne darüber. Auch die Mitarbeiter nicht. Als der Doktor, noch in der Phase-I-Prüfung, zum ersten Mal eine wirksame Dosis der neuen Versuchs-Substanz bekam, zeigte sich, daß das Mittel schwerste Anfälle von Angst auslöst. Angst von einer so schlimmen, panischen, grauenvollen Sorte, daß der Versuch abgebrochen und schnell ein Gegenmittel gespritzt werden mußte.

„Daß eine ‚reine' Angst ohne reales und eingebildetes Objekt, ohne Beziehung zu einer gefährlichen Situation, ohne vegetativen Auslöser und ohne Beeinträchtigung des Denkens und Bewußtseins chemisch ausgelöst werden kann, war ein ziemlich unerwartetes Ergebnis", teilte die Gruppe der wissenschaftlichen Öffentlichkeit umgehend mit, um andere Forscher auf gleichem Gebiet vor der Gefahr zu warnen. Sie selbst stellte die weitere Untersuchung des Angstmachers ein. „Wir forschen für Arzneimittel, nicht für chemische Kriegführung." Die Unterlagen wanderten in den Panzerschrank.

Die Frage nach der Ethik der Forschung gehört für die Forscher in der Müllerstraße nicht zu den Floskeln für Sonntagsreden, sondern zum Alltag. Abteilungsleiter Horowski sieht Grenzen, die nicht verletzt werden dürften, aber längst überschritten sind. Jenes amerikanische Team beispielsweise, das Ratten Elektroden ins Gehirn einpflanzte, die Gehirne dann elektrisch stimulierte und damit massive Verhaltensänderungen der Tiere erreichte, operiert für den Berliner Forscher schon weithin im unverantwortlichen Bereich.

An die Wirksamkeit besonderer Ethik-Kommissionen, die erlauben und verbieten, aber glaubt er nicht. Zu voll ist die Forschungsgeschichte von Beispielen für wichtige Entdekkungen, die völlig absichtslos gemacht wurden – unseligen wie segensreichen. „Denken Sie nur an das Penicillin." Deswegen ist es für ihn nur eine Frage der Zeit, wann Baudelaires „künstliche Paradiese" da sein werden – leichter und risikoloser zugänglich, als der französische Drogen-Poet es je zu träumen wagte. „Ich kann mir vorstellen, daß wir Substanzen haben, mit denen Euphorie ausgelöst werden kann, ich kann mir vorstellen, daß wirksame Aphrodisiaka zur Verfügung stehen, daß Substanzen da sind, die das Wahrnehmungsvermögen verstärken – kurz, daß Leistung, Stimmung, Empfinden, Gedächtnis durch chemische Substanzen sehr leicht zu beeinflussen sein werden."

Glück wird machbar. Aber Angst auch

Glück wird machbar, Herr Nachbar. Aber Angst auch. Beide kommen aus dem Pillenröhrchen. Ob man diese Entwicklung schätzt oder nicht, ist für den Arzt eine müßige Frage. „Sie ist nicht mehr aufzuhalten." Gut so, findet er. Denn noch sind alle medizinischen Möglichkeiten, bei Gehirn-Pannen einzugreifen, erbärmlich: „Als ob man eine Schraube in einen kaputten Computer wirft, in der Hoffnung, ihn damit zu reparieren."

Allein zwölftausend Selbstmorde pro Jahr in der Bundesrepublik, mindestens die Hälfte davon mit einer schweren Depression als Ursache, und kein wirklich wirksames Therapeutikum! Damit könne man sich doch nicht abfinden! Oder, anderes Beispiel: Schizophrenie. Immer noch eine völlig rätselhafte Krankheit. Praktisch ohne Heilungschance, wenn sie chronisch sei; und bei akuter Erkrankung gebe es gegen die Halluzinationen der Patienten auch nur Dämpfer mit schrecklichen Nebenwirkungen. Da könne man doch nur hoffen, daß das neue Neuroleptikum, an dem seine Abteilung arbeitet, wenigstens diese Nebenwirkungen vermeidet.

Allein zwölftausend Selbstmorde pro Jahr, und kein Therapeutikum gegen Depression!

Dr. Norbert Sauerbrey, ein Mitarbeiter Horowskis, steckt gerade mitten im Test. Auch das neue Präparat wirkt – wie die bisherigen – auf die „Dopamin-Rezeptoren" im Gehirn, aber es soll wesentlich besser dosierbar sein. Seine klinische Wirksamkeit wird zwar außerhalb der Firma, in Uni-Instituten oder Krankenhäusern, geprüft; doch in den eigenen Labors werden vorher die allgemeinen Wirkungen und Verträglichkeiten getestet, an gesunden Freiwilligen. Der Freiwillige für das „Bromergurid" ist selbst Schering-Angestellter und hat schwarz auf weiß, daß seine Witwe im Falle eines Pharma-GAUs 500 000 Mark von der Firma bekommt.

Der Tag im Test-Labor hat um acht Uhr mit einem Frühstück begonnen. Für die Vergleichbarkeit der Werte ist es wichtig, daß alle Probanden zu gleichen Tageszeiten das gleiche tun, das gleiche essen, die gleiche Raumtemperatur fühlen, die gleiche Luft atmen. „8.30 Uhr – Elektroden kleben" steht als nächster Punkt auf der Check-Liste, der Proband sieht danach aus wie der Bilderbuch-Marsmensch mit den Antennen auf dem Kopf. Seine Gehirnströme werden abgeleitet, Blutdruck und Puls gemessen, Blut entnommen. „10.45 Uhr – Medikamenteneinnahme." Im Zwei-Stunden-

Rhythmus wird bis zum Abend weitergemessen, wie sich Hirnströme, Blutdruck und Blutbild verändern. Dazwischen das dämmrige schallisolierte Studio mit der Test-Batterie: Stifte müssen vom Probanden umgesteckt, Zahlen erinnert, leichte Additionen und Subtraktionen bewältigt, bewegliche Punkte auf dem Monitor verfolgt werden – der Computer mißt jeweils die Reaktionszeiten, die Fehlerquote, den Wechsel der geistigen Belastbarkeit, der Koordination zwischen Auge und Hand. Und immer wieder die Hirnströme, den Wechsel ihrer Alpha- und Beta-Anteile, von denen keiner so ganz genau weiß, was sie bedeuten.

Horowski unterzieht sich selbst dieser Prozedur häufig. Es hat nichts Erschreckendes für ihn, wenn die Beta-Carboline den Beta-Anteil an den Gehirnströmen hochjagen – „man sieht einfach, jetzt passiert was, da gibt es eine Änderung im Gehirn". Von den Alpha-Anteilen weiß man immerhin, daß sie Entspannung bedeuten, meditative Ruhe. Bei manchen Probanden vermehren sie sich schon, wenn sie ihre Lieblingsmusik hören. Bei Horowski nicht. Der Philharmonie-Abonnent ist leider ein amusischer Mensch. Nur gelegentlich zeigt Brahms bei ihm Wirkung.

„Das Gehirn ist auch eine Quelle von Krankheit"

Daß er sich selbst, daß er andere solchen „Menschenversuchen" – gegen die übrigens noch nie ein Tierversuchsgegner protestiert hat – aussetzt, dafür weiß er eine einfache Rechtfertigung: „Das Gehirn ist auch eine Quelle von Krankheit." Und der diagnostische Fortschritt hinkt hier dem der übrigen Medizin ungeheuer hinterher. In hundert Jahren, denkt der Doktor, wird man auf die zeitgenössische Psychiatrie zurückblicken wie wir auf die Zahnbrecher der mittelalterlichen Jahrmärkte. Doch Durchbruch ist noch nicht in Sicht. „Das ungelöste Problem ist immer noch: wie gucke ich hinein? Wir suchen sozusagen nach Fenstern ins Gehirn. Und im Moment haben wir keine besseren als die

Pharmaka – sie dienen uns gewissermaßen als Sonde." Doch trotz aller Schwierigkeiten ist sein Arbeitsgebiet wohl noch der leichteste Lebensbereich für ihn. Denn da ist Fortschritt immerhin noch erkennbar, der ihm sonst eher fragwürdig geworden ist. Vor zwanzig Jahren, als Horowski inmitten der „Ho-Ho-Ho-Tschi-Minh"-Chöre über den Kurfürstendamm zog, voll im Sog der Studentenrevolte und versessen darauf, den Pietismus seines Tübinger Elternhauses und den Humanismus seiner Griechisch- und Latein-Lehrer am Uhland-Gymnasium abzuschütteln, da glaubte er noch an eine andere „Wende" – eine zu immer mehr Rationalität unter den Menschen und immer mehr Demokratie in der Gesellschaft, wie sie Willy Brandt damals als Wagnis forderte. Heute begleitet der Doktor stirnrunzelnd seinen 14jährigen Sohn Leonhard – auf dessen Wunsch! – durch die Ausstellung zum 200. Todestag von Friedrich dem Großen und stellt mit einer Mischung aus Vaterstolz und Fassungslosigkeit fest, daß seinem Filius das Niveau der Jubiläums-Schau im Charlottenburger Schloß nicht genügt: er weiß schon alles viel besser. Das ganze Gequatsche über „Geschichte von unten" und „Geschichte der Unterdrückten" etc. hängt dem Stammhalter zum Halse raus. Seine Freizeit verbringt er damit, Genealogien der europäischen Herrscherhäuser eigenhändig aufzuschreiben und auswendig zu lernen. „Es muß doch", sagt er, „sich endlich mal wieder einer um die Geschichte von oben kümmern."

„Wir haben die irrationalen Seiten des Menschen unterschätzt"

Vom Gegenschlag des postmodernen Pendels ist der Papa nicht besonders überrascht. „Wir haben die irrationalen Seiten des Menschen, im Guten wie im Bösen, zu sehr unterschätzt. Und uns wohl auch eine falsche Vorstellung von der Entwicklung der Gesellschaft und des Gehirns gebildet."
Letzteres besteht aus verschiedenen Abteilungen, von denen der Hirnstamm am ältesten ist und die Instinkte aus der

Reptilien-Vergangenheit des Menschen beherbergt. Das jüngere „Zwischenhirn" ist Sitz seiner Emotionen, der Entscheidungshilfen für spontanes Handeln. Und das „Großhirn", die jüngste Errungenschaft im Kopf, ermöglicht das analytische Denken. Nach der traditionellen Vorstellung der Hirnwissenschaft kommen die meisten Probleme der Menschheit daher, daß das Großhirn noch nicht mächtig genug ist, die beiden anderen Hirnpartien und die von ihnen verursachten Verhaltensweisen fortwährend zu zügeln. „Vielleicht ist es gerade umgekehrt", grübelt Horowski, „das Großhirn hat den Menschen dazu gebracht – im Gegensatz zum Tier, das nur individuelle Grausamkeiten kennt –, kollektive, wissenschaftlich fundierte, rational gesteuerte Bestialitäten zu begehen."

Bei Betrachtung dessen, was übrig ist von all den aufklärerischen Hoffnungen der Studentenzeit, bleibt dem Hirnforscher selber nur die Flucht in den historischen Trost. Er findet ihn hundert Jahre zurück. „Wir Apo-Opas sind heute so was Ähnliches wie die Generation der gescheiterten Revolutionäre von 1848: Fontane schrieb Romane, Wagner komponierte Opern, Marx analysierte das Kapital, und Rudolf Virchow entdeckte die Zellen als Bausteine des Lebens."

„Wir Apo-Opas sind wie die gescheiterten Revolutionäre von 1848"

Ganz so Bahnbrechendes gelang ihm noch nicht. Aber immerhin schon ein Therapeutikum gegen die Parkinsonsche Krankheit. „Lisurid" heißt der Mutterkorn-Abkömmling, ursprünglich nur zur Migräne-Vorbeugung entwickelt, bis Horowski eines Tages feststellte, daß die Substanz auch jene Rezeptoren im Gehirn beeinflußt, die für die Körpermotorik wichtig sind und die bei Parkinson-Patienten nicht mehr versorgt werden. Das neue Mittel wirkt auf die von der Schüttellähmung Geplagten wie eine Berührung mit dem Zauberstab der guten Fee. Patienten, die kaum noch über den Krankenhaus-Gang gehen konnten, joggen wieder durch den Park. In die Annalen der Medizin hat sich der Name Horowski damit schon eingeschrieben, wenigstens als Fußnote.

Wovon träumt er noch? Immer vom gleichen: „Zu wissen, wie das Gedächtnis molekular aussieht. Genetisch sind die Menschen heute ja kaum unterschieden von den Höhlenmalern vor 40 000 Jahren. Die Unterschiede des Lebens und der Lebensqualität beruhen nur auf Erlerntem, auf Informationsweitergabe von Generation zu Generation, auf Gedächtnis." Der Traum, die Chemie dieses Gedächtnisses zu entdecken, hält ihn im Wedding.

Sein Traum: „Zu wissen, wie das Gedächtnis molekular aussieht"

Besonders fiebernd wieder, seit seine Gruppe herausfand, daß zu den Wirkungen der Beta-Carboline auch eine „promnestische" gehört: das Gedächtnis wird nicht gedämpft, sondern angeregt, vielleicht sogar verstärkt. Wenn es so ist, schmiedet Horowskis Team vielleicht gerade eine Waffe gegen die Alzheimer-Krankheit, die stets mit dem Verlust des Kurzzeitgedächtnisses beginnt.

Doch wieder hakt sich bei der Hoffnung der Horror unter. Um die neue Substanz zu testen, bedienen sich die Wissenschaftler einer anderen, die das Gedächtnis – auf Zeit – ausschaltet. Wann werden die Bürgermeister von Harrisburg oder Kiew bei Bedarf auf sie zurückgreifen können? Neugier und Hoffnung halten ihn bei der Stange. Manchmal denkt er: viel zu lange schon. Als der frische Facharzt, 25jährig, zu Schering kam, nach Mitarbeit am Pariser Leukämie-Zentrum und dem Tübinger Max-Planck-Institut für Virusforschung, da wollte er zwei, vielleicht drei Jahre bleiben. Achtzehn Jahre ist das jetzt her. Und ein bißchen ist er hinter seinen Forscher-Träumen hergelaufen wie der Hans-guck-in-die-Luft aus dem „Struwwelpeter" hinter den Schwalben. Der Abgrund, in den der Doktor stürzte, heißt Karriere. Entweder, man macht sie selber – dann wird der

Forscher immer mehr zum Verwalter. Oder man überläßt sie einem anderen; dann kriegt der Forscher einen Vorgesetzten, der wahrscheinlich weniger von der Sache versteht als er selber. Horowski entschied sich für die erste Version, zähneknirschend.

Wie jeden Erfolgreichen erkennt man ihn inzwischen daran, daß er nicht da ist. Eine Großteil seiner Zeit gehört Kongressen, Vorträgen, Rücksprachen mit Kliniken, Koordinationen. Das Privatleben leidet natürlich am stärksten darunter, vor allem Sohn und Tochter, aber auch die Ehe. „Forscher-Frauen sind Witwen ohne Totenschein", sagt er lakonisch.

Doch auch im Job ist er heute meist gehetzt, hastet vom Schlaflabor zum Diktat, vom Diktat zum Telefon und immer wieder zu Sitzungen. Probleme werden bei Schering beseitigt wie Warzen: durch Besprechungen. Und in ihnen wird der leitende Angestellte schmerzhaft oft daran erinnert, daß zwei Seelen ach in seiner Brust wohnen sollen, die des Forschers und die des Vermarkters. „Wie stark sind die Nebenwirkungen von Lisurid?" Diese Frage, in der „Segmentgruppe Zentrales Nerven-System" an Horowski gestellt, heißt im Klartext: „Wie groß ist das Marktpotential?"

Ein Träumer will immer noch mehr

Auch für die Fortführung seiner Depressions-Forschungen muß er hart kämpfen. Die Kaufleute der Firma sehen da nur ein Revier, in dem die anderen Pharma-Giganten schon alle jagen und magere Beute lockt.

Doch „ein Träumer will immer noch mehr" – der Satz von Ernst Bloch könnte für ihn erfunden sein. Die Epilepsie will er noch heilen und der Entstehung des Mammakarzinoms vorbeugen; zusammen mit dem Berliner „Schlafpapst" Professor Kubicki einen „Schlafatlas" herausgeben und nebenher möglichst auch noch die körpereigene Substanz entdekken, die unsere Augenlider zufallen läßt. Nicht zu ver-

gessen: eine Zeitschrift würde er gerne herausgeben, gegen die schleichende Provinzialisierung der medizinischen Wissenschaft in Deutschland.
So ist sein Leben reichlich atemlos und der Urlaubsberg, den er vor sich herschiebt, auf mehr als drei Monate angewachsen. Sogar den frühmorgendlichen Gang durch die feuchten Wiesen am Tegeler Fließ gönnt sich der Hobby-Ornithologe nur noch selten. Da streift er dann gelegentlich durch Berlins Rest-Natur, schon in Bürohose, Trench drüber und Feldstecher, wird vom nahen DDR-Grenzturm mißtrauisch observiert und beobachtet seinerseits Fischreiher, Bachstelze und Rohrsänger, der vom Laubsänger so betrüblich schwer zu unterscheiden ist. Sogar Beutelmeisen sind ihm letztes Frühjahr begegnet – da vergaß er glatt die Beta-Carboline. Eine knappe Stunde dauert des Doktors Rundgang durchs mauernahe Grün für gewöhnlich, dann langt er wieder an seinem Auto an, dem bejahrten Ford-Kombi mit Friedenstaube am Heck, den er immer noch fährt, trotz 150 000 Mark Jahresgehalt. Er steigt ein, für einen Augenblick mit so viel Glück im Gemüt wie Wasser in den Schuhen, startet, schlägt den Weg zum Büro ein und träumt unterwegs vielleicht von der Völkerwanderung.

Hypothetical evolutionary pathway of various 5' regions of cbs-
"Ur-Gen"
ATG GAG
ATG GTG GAG
ATG GTG GTG GAG
ATG GTG ACC GTG GAG
ATG GTG ACT GTG GAG
ATG GTG ACT GTT GAG
A. majus

Auf dem Weg zur perfekten Pflanze

Heinz Saedler *erforscht die Gesetze der Genetik. Wer sie kennt, wird eines Tages die ideale Nutzpflanze konstruieren können*

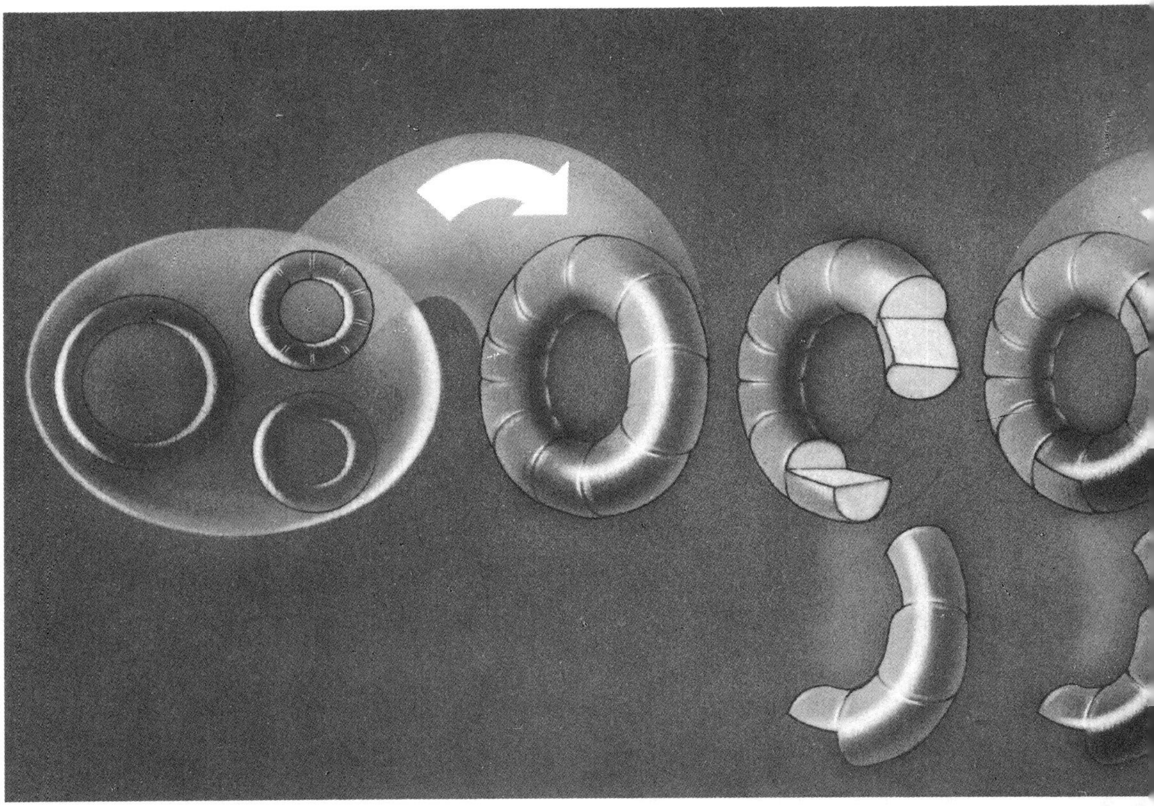

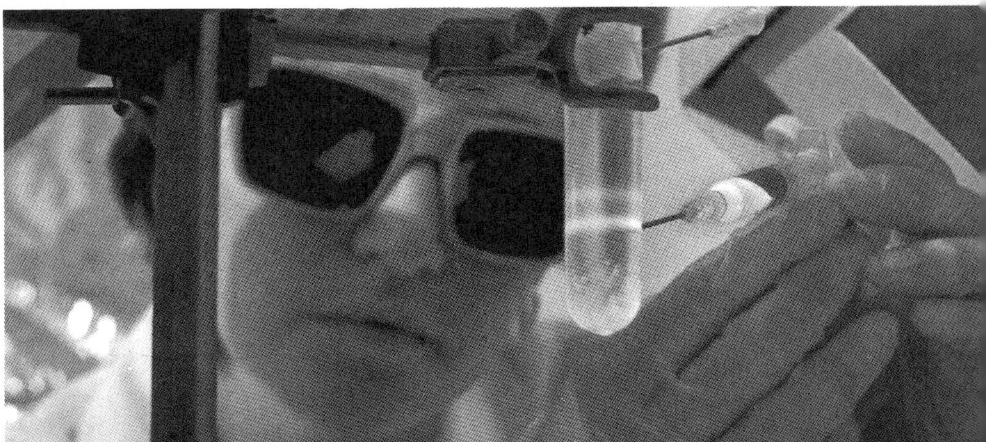

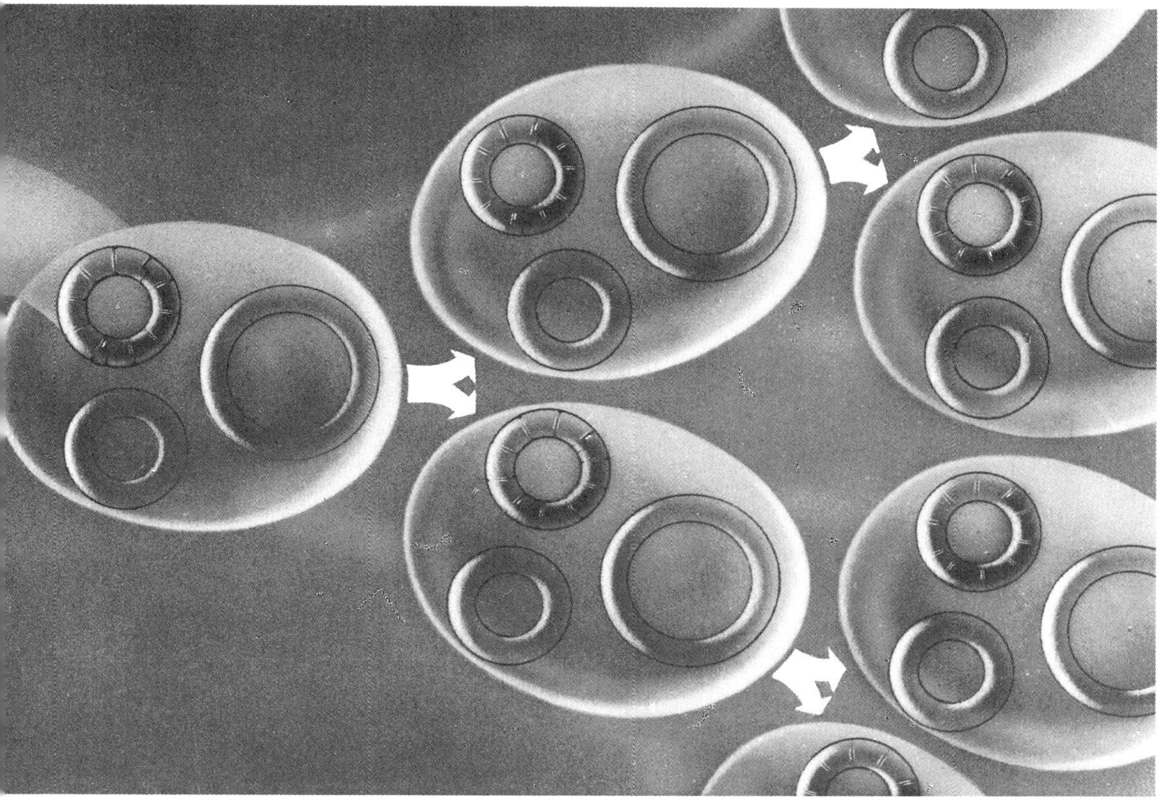

Gewinnung der Erbsubstanz DNS: Auf dem Foto links unten saugt eine Mitarbeiterin von Heinz Saedler mit der Spritze Erbmaterial aus einer vorher zentrifugierten Mischung von Zellsubstanzen. Die Abbildung oben veranschaulicht die Gen-Übertragung durch Bakterien. Ein ringförmiges Stück Erbsubstanz wird aus der Bakterie herausoperiert und durch das Paß-Stück eines anderen Erbmaterials ersetzt. Wenn sich die Bakterie teilt, wird die neue Erbeigenschaft an jedes Teilstück weitergegeben. Bakterien, die sich in Pflanzen vermehren, sollen mit diesem Huckepack-Verfahren erwünschte Eigenschaften – Widerstandsfähigkeit gegen Kälte beispielsweise oder die Fähigkeit, Stickstoff zu binden – auf die Pflanzen übertragen. Die Abbildung rechts zeigt eine gen-manipulierte Kartoffel, die einer Tomatenpflanze aufgepfropft wird, damit sie schneller wächst

Mais ist für den Kölner Pflanzenforscher ein faszinierendes Gewächs, „gerade erst zehntausend Jahre alt, also evolutionsgeschichtlich noch sehr jung". An der unterschiedlichen Pigmentierung von Maiskörnern studiert Heinz Saedler die Wirkung „springender Gene". Dazu werden Pflanzen verschiedener Generationen miteinander verglichen, zunächst im Gewächshaus des Max-Planck-Instituts, dann im Großversuch auf Maisfeldern in Amerika

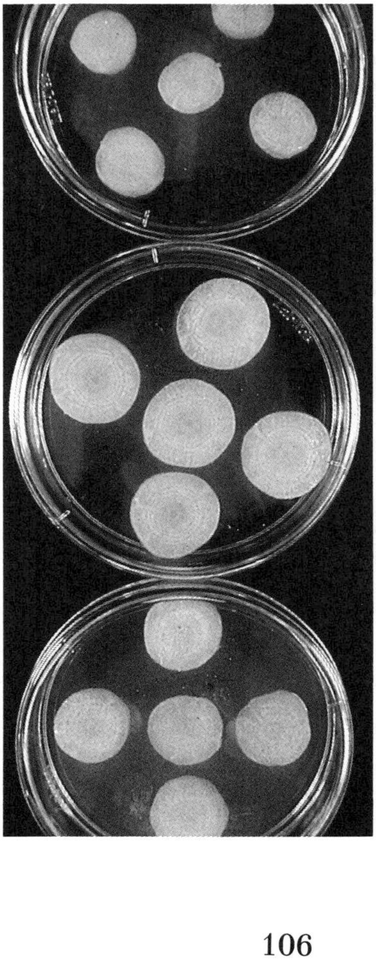

Aus Landwirtschaft wird biologische Hochtechnologie. Statt durch langwieriges Kreuzen verschiedener Pflanzen-Formen deren Eigenschaften zu kombinieren, erhält das Nutzgewächs der Zukunft seine Merkmale durch gezielte Gen-Übertragung. Dazu werden einzelne Zellen aus Pflanzengewebe isoliert und mit den gewünschten Genen „geimpft". In den Brutschränken amerikanischer Pflanzen-Produzenten wachsen heute schon riesige Mengen an Protoplasten auf Nährböden zu neuen, vollständigen Pflanzen heran

Ein Leben im Forscher-Getto. Von der Mitarbeiter-Besprechung am frühen Morgen bis zum Fußballspiel am Freitagnachmittag in der Instituts-Elf gehört die Zeit von Prof. Saedler der Max-Planck-Gesellschaft

Auf dem Weg zur perfekten Pflanze

Die Kartoffeln zum Beispiel, Solanum tuberosum." Die Hände des Redners zirkeln knapp über der Tischfläche Knolliges in die Luft und steigen dann auf zum Höhenflug. Bisher seien die Erdäpfel bekanntlich eine sehr unvollkommene Futterpflanze für Mensch und Tier, weil sie nur zwei bis vier Prozent Proteine besitzen; der Rest ist Stärke und Wasser. „Wenn man aber den Proteingehalt verdoppeln könnte, dann würde das bedeuten, daß die EG von Protein-Einfuhren aus Übersee unabhängig werden kann."

„Die Gentechnik wird eine Schlüsselindustrie der Zukunft sein"

Beidhändig greift der Redner in den Raum und modelliert Visionen: verkleinerte Anbauflächen, auf denen dennoch größere Erträge reifen – mehr Platz also für die Natur, und gleichzeitig Kartoffeln, die jeder Krautfäule trotzen, strotzend vor Gesundheit und Proteinen oder – je nach Bedarf – Stärke. „Futurologische Bilder", sagt der Redner, aber seine rechte Hand greift dabei zupackend in die Luft des Fraktionssaales, „daß sie Wirklichkeit werden, daran glauben und arbeiten wir."
Die Abgeordneten der niedersächsischen CDU sind beeindruckt. Sie sitzen zusammen, um sich von Experten über „Chancen und Risiken der Gentechnologie" informieren zu lassen. Die Expertise von Professor Heinz Saedler schmeckt nach Chance. „Die Bio- und Gentechnik wird eine Schlüsselindustrie der Zukunft sein", hatte Werner Remmers, der

Fraktionsvorsitzende eingangs prophezeit. „Stimmt", sagt der Professor aus Köln.
Und ihre Risiken? Da hebt sich die geöffnete Rechte des Redners zehn Zentimeter über die Tischfläche, schwebt leicht auf und ab wie eine besänftigende Mutterhand. „Ich sehe keinerlei Risiken in Genübertragung bei Pflanzen." Der Redner ist 45 Jahre alt, mittelgroß, untersetzt, verheiratet, katholischer Konfession, Bezieher einer Besoldung nach BAT C 4, Direktor am Max-Planck-Institut für Züchtungsforschung und wieder einmal als Prophet im eigenen Land unterwegs. Solche Auftritte bei Experten-Hearings und Podiums-Diskussionen gehören zu seinen ungeliebten Pflichten. „Es fehlt ja viel zu sehr an Grundlagenkenntnissen", seufzt er. „Die Politiker müßten erst mal durch einen Intensivkurs, damit man mit ihnen über irgendwelche Probleme reden kann."
Der Kölner Pflanzengenetiker sorgt sich, daß bei solchen Anlässen das Plakativste das Einsichtigste ist und am leichtesten akzeptiert wird – „das kann aber gerade das Falsche sein". So nimmt er sich in die Pflicht der eigenen Verkündigung. Einer leidigen Pflicht. Aber wie jeder anderen kommt er ihr mit strenger Selbstdisziplin nach. Ein rheinischer Preuße, schnörkellos gekleidet und im Auftreten so unauffällig wie ein ältlicher Meßdiener. Resistent gegen jeden Abgeordneten-Humor und gegen die Gaumenkitzel des Hannoveraner Ratskellers; den Rindersaftbraten in Burgunder-Sauce zur Mittagspause nimmt er ein, als lägen schiere Aminosäuren auf seinem Teller. Aber sobald dem Professor Fachliches auf die Zunge gerät, lebt er auf, wird beredt und gestengewandt, ist engagiert und ganz bei der Sache.
Wer ihm zuhört, gewinnt folgenden Eindruck: Da steht jemand vor einer gepanzerten Tresortür mit einem riesigen Bündel Nachschlüssel in der Hand. Einen nach dem ande-

ren probiert er aus, feilt, verwirft, erprobt den nächsten, verwirft wieder. Unermüdlich. Keiner, am wenigsten er selbst, könnte schätzen, ob und wann es ihm gelingen wird, die Tür zu öffnen. Aber wenn er etwas in die Knie geht und in unprofessoraler Haltung durch das Schlüsselloch späht, dann sieht er jenseits der Tür einen wunderbaren Garten. Auf dem einen Beet wachsen da Kartoffeln, die so viel Stärke enthalten, daß sie sich ideal zu Bio-Alkohol vergären lassen – einem begehrten Grundstoff für die chemische Industrie. Auf dem Nachbarbeet gedeihen ihre proteinreichen Geschwister, die jedes Mastschwein glücklich und jede Zufütterung mit Soja überflüssig machen.

Der Mais auf dem Zukunftsbeet hat ein neues „Überlebensmittel"

Gleich daneben wächst Mais. Man weiß, daß die Tortilla-Pflanze für Millionen Menschen die wichtigste Nahrungsgrundlage ist; man weiß auch, daß eine ausschließlich von Mais abhängige Ernährung zum sicheren Tode führt, weil dem Gewächs leider eine unersätzliche Aminosäure – Lysin – fehlt. Der Mais auf dem Zukunftsbeet besitzt das Überlebensmittel – dank Genübertragung.

Nirgendwo auf den wunderbaren Beeten sind Anwendungsspuren von Stickstoff-Dünger oder Pestiziden zu erkennen. Dünger brauchen die Pflanzen nicht mehr. Denn die Gen-Konstrukteure haben ihnen beigebracht, ihren Stickstoff-Bedarf nach dem Vorbild der Hülsenfrüchte direkt aus der Luft zu decken. Und dank der Übertragung von Resistenz-Genen sind sie auch vollkommen widerstandsfähig gegen Schädlinge, Krankheiten und Pilzbefall. Sogar Stress-Resistenzen haben die Wissenschaftler eingebaut. Jetzt vertragen Weizen und Mais jede Menge Hitze und reichlichen Frost, Trockenheit und Dürre, sogar Salze im Boden, an denen sie früher eingegangen wären.

Der Schlüsselloch-Ausblick auf den Garten der gentechnologischen Lüste ist rosig, aber vorläufig visionär. Nach dem

Türöffner in diese Zukunft wird auf der ganzen Welt in einem Dutzend Forschungsinstituten gesucht, am eifrigsten am südlichen Kölner Stadtrand, wo Einfamilienhaus-Kolonien, Schnellstraßen und letzte Getreidefelder eine melancholische Melange mittelständischen Wohllebens bilden. Es gibt bessere Wohnlagen. Aber es gibt für die Zunft der Pflanzengenetiker weltweit keine bessere Adresse als das Max-Planck-Institut für Züchtungsforschung in Köln-Vogelsang.

Für Experten gibt es weltweit keine bessere Adresse als das Max-Planck-Institut für Züchtungsforschung

Der Taxifahrer hat in der Dämmerung Orientierungsschwierigkeiten. Zögerlich kurvt er an Karosserie-Verwertungen und Kohlfeldern vorbei, umrundet Rohbau-Villen und ein Restwäldchen. Dahinter schimmert es plötzlich wie eine Weltraumstation. Die Gewächshäuser des Instituts illuminieren den Morgenhimmel, 3500 Quadratmeter unter Glas. Sie machen einen warmen Eindruck, wenn man näherkommt, Spektrallampen, die einen grünenden Dschungel von Mais-, Tabakpflanzen und Petunien in allen möglichen Sorten und Wachstums-Varietäten bescheinen. Man möchte sich dazulegen in dieser fröstelnden Morgenstunde.

Es ist sieben Uhr dreißig, und Professor Saedler sitzt schon am Schreibtisch. Sein Arbeitsweg ist kurz. Er wohnt keinen Steinwurf vom Hauptgebäude entfernt in einem geklinkerten Einzelhaus der Max-Planck-Gesellschaft. Frau und vier Kinder teilen das Los des lebensfernen Alltags im Wissenschafts-Getto. Der Forscher schätzt die enge Nachbarschaft von Haus und Büro, und er liebt diese Morgenstunde, wenn noch keine Telefone schrillen und keine Sekretärinnen um Termine betteln. Es ist seine Stunde wissenschaftlicher Kontemplation. Da sitzt er dann mit dem Ausblick auf das grelle Türkis des Teppichbodens, das polierte Braun der häßlichen Büromöbel und das matte Grün der sechs Zimmerpflanzen, deren Namen er nicht weiß, und sinnt über die Evolution nach. Diese Dämmerstunde am frühen Morgen gehört ganz dem Traum seines Forscherdaseins: „Verstehen, wie eine Spezies sich entwickelt."

Läßt sich von einem normalen Durchschnittsgehirn noch begreifen, was im Kopf dieses Spitzengelehrten vorgeht? Er unterdrückt ein Seufzen und erteilt zunächst Nachhilfe in Grundlagen-Genetik. „Gene", doziert er, „sind ja normalerweise auf dem Chromosom aufgereiht wie Perlen auf einer Schnur. Sie haben einen festen Platz und ganz bestimmte Zuständigkeiten in den Lebensabläufen der Pflanze." Der Professor kramt nach Abbildungen, zeigt Spiralstrukturen. Es sind graphische Darstellungen der Molekül-Ketten, in denen das Programm des Lebens gespeichert ist. Genetiker nennen das die DNA oder DNS (Desoxyribonuclein-Säure), sie ist der Träger sämtlicher Erbinformationen. Auf bestimmten Abschnitten dieser Molekül-Kette sind bestimmte Informationen für Gestalt, Aussehen und Funktionieren des Lebewesens gespeichert. Das gilt für Menschen ebenso wie für Pflanzen und sieht kompliziert aus, ist aber im Prinzip so simpel wie die Ressort-Einteilung bei der Zeitung. Das eine Gen-Ressort kümmert sich um das Wachstum, ein anderes um die Blütenform, ein drittes um die Blütenfarbe usw. „Wenn man beispielsweise das Gen, das für die Blütenfarbe zuständig ist, ausknockt, bleibt die Blüte grün."

Traum seines Forscher-Daseins: „Verstehen, wie eine Spezies sich entwickelt"

Nun hat die Amerikanerin Barbara McClintock schon vor vierzig Jahren herausgetüftelt, daß neben den Ressort-Genen noch weitere „springende" Gene existieren, sozusagen die Reporter in der Zuständigkeiten-Hierarchie der Lebewesen. Sie sind nicht an feste Ressorts oder Orte gebunden, springen von einer Stelle der DNS-Kette zu einer anderen und bringen den genetischen Fahrplan vorsätzlich durcheinander. Regelrechte Mutations-Maschinen sind sie, die an

einzelnen Pflanzen plötzlich die Blütenfarbe oder Blütenform verändern, ihre Proteine aufmischen, Resistenzen kräftigen oder außer Kraft setzen.
Heinz Saedler bittet zur Demonstration ins Gewächshaus. Auf großen Blechtischen stehen da Löwenmäulchen in Reih und Glied. Seltsam unterschiedlich die Blüten. Da ragt ein eigentümlicher Stengel mitten aus den Kelchblättern, dort bilden sie lauter kleine Sub-Blüten und lassen die Pflanzen aussehen wie eine Mini-Hortensie. „Radiäre und bilaterale Symmetrien", kommentiert Saedler. „Man würde gerne verstehen lernen, wie es zu diesen Unterschieden kommt."

Die springenden Gene sind die Animateure der Evolution

Seine Vermutung: Die springenden Gene sind gewissermaßen die Animateure der Evolution. Das Springen folgt dem Prinzip des Zufalls. Aber dieser Zufall verursacht einen Veränderungsschub, die Pflanze mutiert. So oder so. Eben zufällig. Von der Natur wird dann selektiert, was nichts taugt, und weitervererbt, was sich in der freien Wildbahn am besten bewährt und behauptet.
Diese Vermutung ist inzwischen mehr als Spekulation. Im letzten Jahr gelang dem Kölner Wissenschaftler der Nachweis, daß die springenden Gene an der Entwicklung neuer Proteine – den Bau- und Betriebsstoffen des Lebens – beteiligt sind. Ein Meilenstein genetischer Erkenntnis.
Aber noch ist das Feld der Unkenntnis grenzenlos. So weiß man zwar, daß es ein Zusammenspiel von Genen und Proteinen gibt, kennt aber kaum Details. Evolutionsforschung an Pflanzen: das ist wie die Bestimmung einer Strecke, von der man nur einen Punkt kennt – das Heute. Es gibt ja kein Gestern, keine Fossilien von Gewächsen oder Knochenfunde, kaum eine Möglichkeit, ihren Stammbaum zu rekonstruieren.
Mais fasziniert den Forscher deshalb besonders, eine „Monsterpflanze", die ohne Kultivierung durch den Menschen

weder entstanden wäre, noch überleben könnte. Weil das Gewächs evolutionsgeschichtlich noch sehr jung ist und in voller Entwicklung begriffen, unterscheiden sich schon Pflanzen, die nur zwanzig Generationen auseinander liegen. Also wird nach altem Züchtermaterial gefahndet. Und dann setzen sich der Chemiker Saedler und sein Mitfahnder, der Botaniker Peter Peterson, zu tage-, manchmal wochenlangen Diskussionen zusammen, knobeln an Fragestellungen, Hypothesen und experimentellen Möglichkeiten, die anschließend auf Versuchs-Maisfeldern im fernen US-Staat Iowa realisiert werden. Und all die Zeit geht es einzig und allein um die unterschiedliche Pigmentierung von Maiskörnern. An ihnen nämlich kann man etwas über die Wirkung der springenden Gene lernen.

Und was kommt schließlich dabei heraus?

Vielleicht: eine DNS-Sequenz in ihrer Entwicklung zu bestimmen. Das wäre das Neue. Ein Durchbruch. Bisher war es zwar möglich, den Code des Lebens zu entschlüsseln und in einem bestimmten Zustand zu beschreiben, nicht aber, die laufende Revision dieses Programms zu verstehen und darzustellen.

Eine DNS-Sequenz in ihrer Entwicklung zu bestimmen, das wäre ein Durchbruch

Und wenn man das kann, was macht man damit?

Mit der Frage könnte man Saedler zur Raserei bringen, wenn er der Typ wäre, der sich zur Raserei bringen lassen würde. Aber zur Grundausstattung des Grundlagenforschers gehört Geduld. Die braucht's in den langen Wochen, in denen es keine Ergebnisse gibt und null Erfolge, in denen der Alltag nur aus Forschung und Leere besteht. Also stöhnt der Wissenschaftler nur ganz leise über die Reporter-Frage und sagt geduldig: „Wir wollen bloß verstehen lernen. Die Anwendung interessiert uns eigentlich nicht."

Für diese hochkarätige wissenschaftliche Spielwiese mit weltweit insgesamt 150 Hektar Versuchsflächen und

328 Mitarbeitern gibt die Max-Planck-Gesellschaft 20 Millionen Mark im Jahr aus. Heinz Saedler leitet eine der vier Abteilungen, die „Molekulare Pflanzengenetik". Die anderen Abteilungen befassen sich mit „Genetischen Grundlagen der Pflanzenzüchtung", „Biochemie" und „Züchtungsforschung". Letztere ist der Traditionszweig des Instituts, dessen Gründung auf die „Fettlücke" in der deutschen Ernährung nach dem Ersten Weltkrieg zurückgeht. Damals wurde der Botaniker Erwin Baur beauftragt, möglichst schnell möglichst ölreiche Pflanzen für die Volksernährung – vor allem Soja und Sonnenblumenpflanzen – zu züchten. Als die Zucht schließlich Früchte trug, waren ein weiterer, noch schlimmerer Krieg vorüber und die fünfziger Jahre angebrochen: die Deutschen litten nicht mehr unter Fettmangel, sondern Wohlstandsspeck.

Traditionelle Pflanzenzüchtung ist langsam, Gentechnik ist schnell

Traditionelle Pflanzenzüchtung ist langsam, Gentechnik ist schnell. Als am Kölner Institut einer der erfolgreichsten deutschen Gersten-Sorten („Vogelsänger Gold") auf klassische Art entwickelt wurde, da dauerte diese Züchtung 27 Jahre. So lange brauchte es, um die robuste Resistenz einer Wildform mit der hohen Ergiebigkeit einer Kulturform zu kreuzen. „Jede Kreuzung liefert ja eine Generation von Nachkommen, die eine Mischung der Gene beider Eltern enthält", erläutert Heinz Saedler. Nur die einen Gene will man aber. Die anderen müssen in mühseliger Rückkreuzung eliminiert werden. Die Gentechniker dagegen isolieren die erwünschten Resistenzgene, übertragen sie, und das Problem kann in weniger als einem Jahr gelöst sein.

Kann. Noch nämlich tüfteln die Kölner Wissenschaftler in allen Abteilungen an grundlegenden Fragen und Schwierigkeiten. Saedler zeigt das weitläufige Gelände mit den beiden langgezogenen flachen Instituts-Trakten, die so ansprechend wirken wie ein Einwohnermeldeamt. Ein Glasgang verbindet sie, von dem die Bibliothek abzweigt – eine Folterkammer. Im Zeitschriftenraum liegen allein 148 Fachpublikationen, vom „American Journal of Botany" bis zur „Zeitschrift für Pflanzenzüchtung". Viele erscheinen monatlich. Saedler liest alle.

Den Grünflächen zwischen den Gebäuden schenkt der Professor keinen Blick. Sein Verhältnis zur Gartenlust ist seit Kindertagen getrübt. Da mußte er nämlich die elterlichen Rabatten in Godesberg von den Trümmerfolgen eines Bombenangriffs säubern. Seither sieht er Pflanzen am liebsten in der Retorte. Selbst dort regen sie ihn manchmal auf, weil sie so langsam sind. Der Professor ist schnell. „Für einen Tag nach New York", sagt er, „das kommt schon vor." Wehmütig denkt er manchmal an seine „Bakterienzeit" in Freiburg zurück, weil bei Einzellern die Zellteilung und mithin alle Experimente so zügig ablaufen. „Die Dimension der Differenzierung bei Pflanzen, das war schon ein unheimlicher Challenge."

„Für einen Tag nach New York, das kommt schon vor"

Auf dem Korridor der Biochemiker riecht es nach Krankenhaus. Das ist die warme Abluft aus den Brutschränken. Die meisten Zellkulturen, die da heranwachsen, stammen von Petersilie, Kartoffeln und Gerste. Petersilie beispielsweise ist resistent gegen einen Pilz, der für Soja sehr gefährlich ist. Diese Resistenz-Gene würde man gerne isolieren und übertragen. Dazu aber muß man zunächst die Verteidigungsstrategien der Pflanze begriffen haben: welche Gene schaltet sie an, sobald das feindliche „Pathogen" sich niedergelassen hat und beginnt, in ihr Blatt einzuwachsen? Welche Enzyme und Proteine werden produziert, wie wird der Eindringling von ihnen bekämpft und besiegt?

Überall der erste Schritt: hingucken und verstehen lernen, was ist.

Die Kölner Genforscher arbeiten allesamt weit weg von der

Frage nach praktischer Anwendbarkeit, aber keineswegs im Elfenbeinturm. Resistenz-Gene gegen Pilzbefall oder Krautfäule könnten die Giftdusche, die sich noch immer auf unsere Äcker ergießt, schlagartig zudrehen. Außerdem werden gewaltige Mengen Rohöl in Kunstdünger umgewandelt, allein in den USA fünfzehn bis zwanzig Prozent des Gesamtverbrauchs. Wenn Getreidepflanzen eines Tages diesen Dünger nicht mehr brauchen, weil sie ihren Stickstoff-Bedarf direkt aus der Luft decken, dann wäre ein ungeheures Einspar-Potential gewonnen.

In Köln arbeiten die Grundlagen-Genetiker unter Jozef Schell fieberhaft an der Verwirklichung dieser Vision. Zunächst hatten sie die Hoffnung, Gene der Bakterien, die Luft-Stickstoff binden können, direkt auf Pflanzen zu übertragen. Daraus wurde nichts. Heute versucht man, die Binder-Bakterien – die in Symbiose mit Bohnen, Erbsen, Lupinen und Luzernen leben – auch zur Kooperation mit anderen Kulturpflanzen (Weizen, Reis, Mais) zu bewegen. Aber auch da knacken die Forscher noch an Grundfragen: Woran erkennen sie sich überhaupt, die Wirtspflanze und das Bakterium? Wie finden sie zueinander? Alles unbekannt.

Eine merkwürdige Mischung von Superwissen und Ahnungslosigkeit, von Forscher-Lust und Erfolgs-Frust, von angespannter Hektik und mönchischer Geduld herrscht in den Labors. Man weiß sich in weltweiter Konkurrenz, man kennt die Kollegen, die in Amerika, England, Frankreich und Holland mit gleicher Intensität an ähnlichen Fragestellungen arbeiten. Wer wird die Barriere der Stickstoff-Versorgung aus der Luft als erster überwinden? Wem wird es glücken, zum erstenmal eine einkeimblättrige Pflanze (Weizen, Reis, Mais) aus einer einzelnen Pflanzenzelle zu regenerieren? Bisher gelingt dieses Kunststück nur bei zweikeimblättrigen Gewächsen wie Tomaten, Kartoffeln,

Tabakstauden und Soja. Wer wird als erster jene Pflanze vom Reißbrett präsentieren, die die idealen Eigenschaften unterschiedlichster Arten in sich vereint?

Man fühlt förmlich, wie nahe der Durchbruch an bestimmten Abschnitten dieser Forschungs-Front ist, aber man weiß, daß er nicht zu erzwingen ist. Die Konsequenzen des Durchbruchs wären einschneidend. Die Industrie steht in Lauer-Position – ready for take-off. Schon heute wird das Max-Planck-Institut von Bayer mit einer Million pro Jahr subventioniert – zur freien Verwendung, wie versichert wird, ohne Zweckbindung.

Jeder an diesem Institut weiß, daß hier Weichen in die Zukunft gestellt werden. Aber nicht jeder weiß, wie glänzend er diese Zukunft finden soll. Mehr beklommen als begeistert sagt Dr. Dirk Scheel, einer von den jüngeren Turnschuh-Wissenschaftlern des Instituts: „Was wir machen, wird die landwirtschaftlichen Produktionsmethoden komplett verändern. Aus Landwirtschaft wird Hochtechnologie."

Wer wird als erster die „Pflanze vom Reißbrett" präsentieren?

Heinz Saedler erschrecken solche Aussichten nicht. Für die Landwirtschaft, wie sie ist, hegt er keinerlei Mitgefühl: „Einer der größten Umweltverschmutzer." Eine Zukunft ohne Pestizide und Bodenvergiftung erscheint ihm durchaus leuchtend.

Die Forderung nach schlichter Öko-Landwirtschaft hält er allerdings für Nostalgie. Ein immer wiederkehrender Satz von ihm: „Wir müssen in der EG 330 Millionen Menschen ernähren."

Nicht einmal die jüngsten Alarmmeldungen aus der High-Tech-Landwirtschaft der USA irritieren ihn. Da wird mit einem Acker-Gift („Roundup") experimentiert, das jegliches Grün radikal vernichtet bis auf die eine Kulturpflanze, der ein spezielles Widerstands-Gen gegen das Gift eingebaut wurde. Perversion des Fortschritts? Das sieht Saedler ganz anders. „Was ist denn die heutige Situation", fragt er, „wir schütten Dutzende von Substanzen auf die Felder, von denen wir sehr wenig wissen. Gerade noch die Giftigkeit der Einzelsubstanzen, aber schon nicht mehr die der Abbauprodukte. Wenn man von dieser Vielzahl wegkommt, wird die Chemie doch sicherer!"

Würde Saedler selbst heute Geld in eine Firma für Pflanzen-Genetik stecken? Da winkt der Professor ab. „Ich bin der Sparbuch-Typ." Daß die junge Branche aber ein explosives Wachstum erleben wird, ist für ihn ganz sicher. Der Erwartungsdruck von Industrie und Politik belastet ihn nicht. Manche seiner Kollegen schon. Frau Dr. Schwarz-Sommer empfindet diesen Druck ganz besonders. Sogar ein schlechter ausgestattetes Institut wäre ihr lieber, wenn es dafür mehr im Windschatten öffentlicher Beachtung läge.

Der Erwartungsdruck von Industrie und Politik belastet ihn nicht

Die einzige Frau in Saedlers Team arbeitet, wie sie sagt, an „Grundlagen für Grundlagen" – Lichtjahre weit entfernt von irgendwelchen greifbaren Ergebnissen. Die vierzigjährige Biologin, die an der Ostberliner Humboldt-Universität ihren Doktor machte, sammelt Gen-Daten von entwicklungsgeschichtlich sehr alten Pflanzen und läßt sie vom Computer auf Unterschiede und Übereinstimmungen vergleichen. „Ein Schuß ins Dunkle."

Die gebürtige Ungarin hat eine der vier Planstellen in Saedlers Forschungsgruppe. Im Nachbarlabor arbeitet ihr Mann an der Isolierung von springenden Genen. Dr. Hans Sommer ist der Senior der Gruppe, 45 Jahre alt, ein norddeutsches Kaltblut. Zehn bis elf Stunden pro Tag verbringt er mit seinen Löwenmäulchen und Zellkulturen, manchmal auch den halben Sonntag. Als Entgelt gibt es BAT 2 A, weniger als 55 000 Mark pro Jahr. An der Schule wäre er inzwischen wahrscheinlich Oberstudiendirektor, hätte das doppelte Einkommen – und Ferien.

Seine beiden Kollegen Dr. Klaus Bussmann und Dr. Udo Wienand, 36 und 37 Jahre alt, verdienen nicht einmal so viel, sind aber glücklich, überhaupt endlich eine feste Stelle zu haben. „Vorher", sagt Udo Wienand, „waren die Experimente unbefristet, aber der Vertrag befristet."

Der Biologe ist damit beschäftigt, aus dem Mais Gene zu isolieren, die am Farbstoffwechsel beteiligt sind. Eine mühselige Prozedur. Zunächst werden Blätter in flüssigem Stickstoff tiefgefroren, dann in einer Art Kaffeemühle zu feinem Mehl zerrieben. Das wird in verschiedenen Lösungen so lange aufgemischt und gefiltert, bis es von allen störenden Begleitstoffen gereinigt ist. Was schließlich herauskommt, sieht aus wie eine klare, leicht zähflüssige Lösung. Die kommt in eine Zentrifuge, versetzt mit Cäsium, einem weichen Leichtmetall, und Farbstoffen. Die Zentrifuge arbeitet wie eine überdimensionale Wäscheschleuder und schafft ein besonderes Dichte-Feld, in dem sich die DNS-Moleküle an charakteristischen Positionen sammeln. So bekommt man schließlich die Gene „in die Hand", wie Wienand sagt. Mal dauert das Ganze fünf Monate, mal zwei Jahre. Dann ist wieder ein neues Teil des Puzzles gefunden, das irgendwann einmal zeigen soll, wie die Gene einer Pflanze zusammenwirken und ihren Stoffwechsel regulieren. Nur weiß kein Mensch, wie viele Teile zu diesem Puzzle gehören.

Im Labor nebenan steht der Chemiker Klaus Bussmann an einer sterilen Arbeitsbank und „impft" Pflanzenzellen mit einer Antibiotika-Resistenz. Hinterher kommen die Zellen auf Nährböden, die Nährböden in den Brutschrank und die komplette Pflanze, wenn sie Wurzeln gebildet hat, ins Gewächshaus. Nach Blüte und Frucht werden dann die Nachkommen untersucht. Wurde die Resistenz vererbt?

Die Hälfte seiner Zeit verbringt Heinz Saedler in diesen vier Labors seiner Mitarbeiter. Diskutiert Fragestellungen, begutachtet Ergebnisse, ermuntert, regt an. Der Umgangston ist freundlich-kollegial. Hierarchisch geht es nicht zu. Aber auch nicht demokratisch. „Wissenschaft ist keine Sache der Mehrheitsentscheidung", sagt Saedler, „Intuition, Gespür spielen da eine große Rolle." Den anderen halben Arbeitstag verbringt der Professor ohne Lehrverpflichtung im Büro, liest Fachliteratur, schreibt Aufsätze, diktiert Vorträge und Briefe. Meist addieren sich die beiden Hälften zu dreizehn, vierzehn Stunden.

Wir wollen essen gehen an irgendeinem Abend, ein wenig über Privates reden. Dienstag? Der Vortrag in Heidelberg. Mittwoch? Der Vortrag von Professor Mohr aus Freiburg. Donnerstag? Direktoren-Sitzung. Freitag? Vorbereitung auf den Kongreß in USA. „Schade, ein andermal vielleicht."

„Wissenschaft ist keine Sache der Mehrheitsentscheidung"

Von seiner letzten Theater-Vorstellung erinnert sich Heinz Saedler nur noch dunkel daran, daß ihm das Stück nicht gefallen hat. Auch der letzte Besuch im Kino fällt ihm nicht ein. Nicht einmal der Blumenstrauß, den er seiner Frau zum zurückliegenden Hochzeitstag geschenkt hat. Hat er überhaupt?

„Forscher-Frauen müssen so sein wie Pionier-Frauen im Wilden Westen", verlangt Direktoren-Kollege Klaus Hahlbrock. Die Pionier-Frau erzählt, wie ihr Gatte Heinz – noch als ganz junger Wissenschaftler in Freiburg – sie einmal beim abendlichen Spaziergang mitten im Satz unterbrach, „ich hab's, ich hab's" japste und stehenden Fußes zum Institut eilte, um die halbe Nacht fieberhaft zu arbeiten. So ist er heute noch. „Wenn Sie ein Problem wirklich lösen wollen", sagt er, „müssen Sie mit ihm schlafen gehen."

Was hat er aus den Rosinen in seinem Kopf gemacht? Wirkungslos prallt die Frage an ihm ab. Er hatte nie welche. Nur zwei stille Obsessionen kennt er noch neben jener alles beherrschenden Leidenschaft, der Evolution auf die Schliche zu kommen: die Zubereitung von üppigen Saucen am heimischen Herd und das Fußballspiel in der Instituts-Elf. Gekickt wird jeden Freitag nachmittag, der Professor spielt im Sturm. Gegen die Genetiker von der Universität hätten sie neulich ein Freundschaftsspiel „fast gewonnen", erzählt er stolz, 2:2.

Den Urlaub – drei Wochen – verbringt Familie Saedler meist an der Nordsee. Dann freut sich der Forscher des Regens und liest Ausgrabungs-Berichte. Archäologie ist sein wissenschaftliches Hobby, besonders jene Bereiche, die sich mit Naturwissenschaften überschneiden wie die Untersuchung von Lebensmittelresten in Grabbeigaben oder auch die Deutung des Maja-Kalenders als Mais-Pflanzanweisung. Überhaupt die Majas! Wenn ihn irgend etwas in Versuchung bringen könnte, der Evolution untreu zu werden, dann sie.

Sein wissenschaftliches Hobby ist Archäologie

Die Nordsee ist ein beruhigendes Feriengebiet für ihn. Mit einer gewissen Zuverlässigkeit trifft er dort seine Lieblingsfarbe in allen Schattierungen an: Grau. Grau ist mit Vorliebe sein Anzug, grau der Audi-Diesel, grau wie die alltägliche Forscher-Arbeit.

Seine Frau teilt den farblosen Alltag nicht nur mit Gleichmut, sondern auch mit Fachverständnis. Selber ausgebildete Biologin, hat sie mit ihrem Mann anderthalb Jahre im amerikanischen Stanford zusammengearbeitet. Dann kam vor 13 Jahren die erste Tochter und die Arbeitsteilung zwischen den Eheleuten. Für ihn Beruf und Familie, für sie Berufung in der Familie. Ihren Part spielt sie so ergeben, wie er nach springenden Genen sucht. Kümmert sich um die vier Kinder, den Ziergarten und den Gatten, wenn der mal wieder schlaflos neben ihr liegt.

Rauben ihm Zeitungsmeldungen manchmal den Schlaf? Die Berichte aus Kalifornien über Freilandversuche mit genetisch veränderten Bakterien? Die Mikroben sollen auf Erdbeerbeete gesprüht werden und sich in den Pflanzen als bakterieller Frostschutz verbreiten. Gegner des Versuchs haben Angst davor, solche „Kunstbakterien" könnten mutieren und in der Natur einen nicht mehr zu stoppenden Vormarsch mit katastrophalen Folgen antreten.

Ängste von der Art aber haben Heinz Saedler noch nie Schweiß auf die Stirn getrieben. Er ist für Vorsicht und ausgiebige Vorversuche in Sicherheits-Gewächshäusern, aber gegen Furcht. Und vor allem: gegen das Verbot von Erkenntnis-Fortschritt. „Wage zu wissen", lautet für ihn immer noch der vornehmste Wahlspruch des Wissenschaftlers. Da redet er mit Engelszungen und dreht einem jedes Schreckens-Szenario in die heiterste Zukunfts-Vision um.

„Wage zu wissen", lautet sein Wahlspruch

Persönlich gekränkt hat ihn deshalb „die Bombe". Viele im Institut sprechen von „der Bombe" und dem Schock, den sie ihnen versetzt hat. Sie explodierte am 18. August 1985 im Rohbau einer Instituts-Erweiterung. Den Millionen-Sachschaden rechtfertigte ein Bekennerbrief der „Roten Zora", die bis dahin hauptsächlich mit Anschlägen auf Porno-Shops und „Frauenfeinde" von sich reden gemacht hatte. Mit ihrer Bombardierung des Max-Planck-Instituts fühlten sich die militanten Frauen als Anwältinnen des Lebens: „Das MPI produziert Pflanzen-Arten, die in der Natur nicht vorkommen. Diese Experimente ziehen eine Zerstörung der natürlichen Artenvielfalt und unvorhersehbare ökologische Probleme nach sich. Mit ihrer Wissenschaft dehnen die Herren ihre Macht auf die innere Struktur des Lebens aus, ohne zu klären, welche Folgen daraus erwachsen."

„Alles Quatsch", erregt sich Heinz Saedler. „Hätten sich die Bombenleger vorher richtig informiert, wären sie mit der Maurerkelle gekommen, um uns beim Aufbau zu helfen."

Ist diesem Mann zu glauben? Seiner Arbeit zu trauen? Sei-

ner besonderen Sorgfalt bei der Weichenstellung in die Zukunft?
Heinz Saedler hat ein Gewissen, nicht allein vor den Menschen, sondern auch vor Gott. Und er hat gute Argumente. Vielleicht zu gute. Deshalb die Skepsis, die bleibt. Diesem Superhirn ist die Wirklichkeit einfach zu unvernünftig. In diesem Kopf wohnt ein Reißbrett mit der Neigung, die Welt neu zu entwerfen – besser, rationaler, effektiver, als sie ist. Diesem Forscher-Geist mangelt es an nichts, außer an Demut vor der Unvollkommenheit. Vom großen Wurf seiner globalen Vernunft nämlich werden ja doch immer nur Bruchstücke in Wirklichkeit verwandelt – und die nicht deswegen, weil sie so einsichtig sind, sondern weil sich mit ihnen ein Geschäft machen läßt. Was aber wird dabei aus ihnen werden?
Professor Dr. rer. nat. Heinz Saedler wird diese Charakterisierung vielleicht ungerecht finden. Ganz sicher aber wird er eine Seite von sich vermissen: daß er nämlich ein echter Sohn des rheinischen Landes sei, eine ausgesprochene Frohnatur. Beim Karneval im Max-Planck-Institut sollte man ihn mal erleben – einen unermüdlichen Tänzer und Jecken! Letztes Jahr habe er als Professor gehen wollen. Aber dann sei leider eine Vortragsverpflichtung in Heidelberg dazwischen gekommen.

Er hat gute Argumente. Vielleicht zu gute . . .

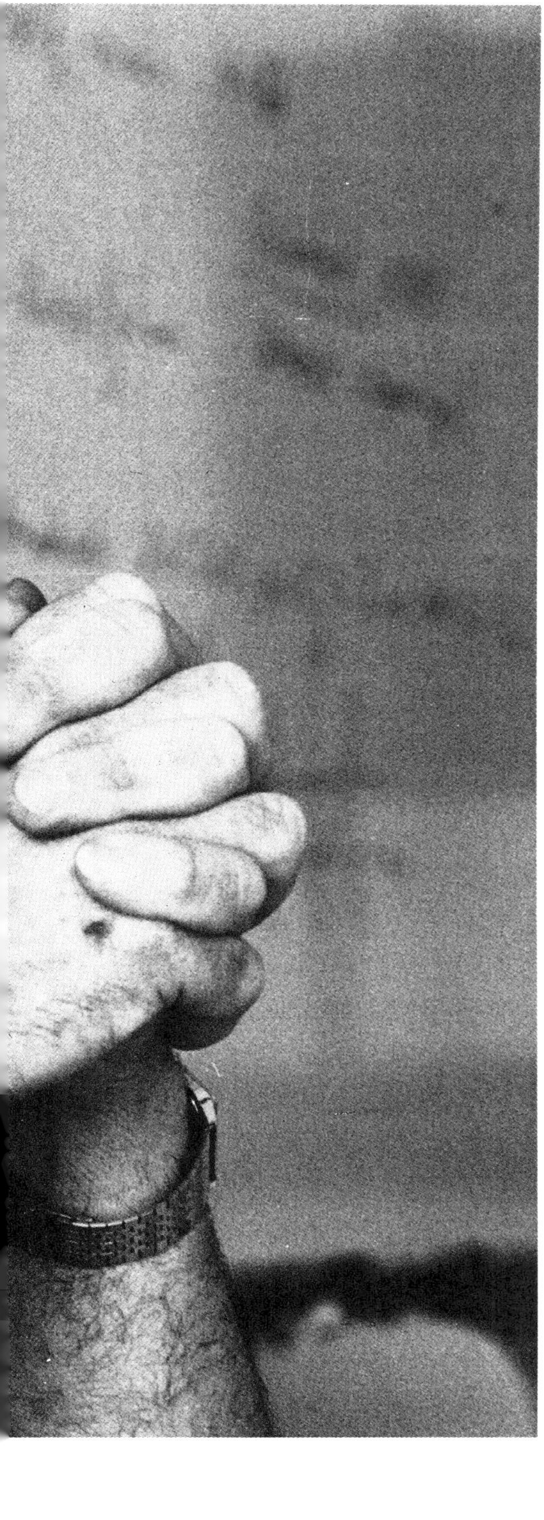

„Die Zukunft liegt im All"

Der Gießerei-Experte **Peter R. Sahm** *ist Deutschlands Wegbereiter in den Weltraum*

SSR/NEXPABW
EXPERIMENT
HEAT EXCHANGER

HARTSFIELD
SPACELAB
BUCHLI
NAGEL
D1
BLUFORD
DUNBAR
MESSERSCHMID
OCKELS
FURRER

Professor Sahm im Simulator des deutschen Weltraumlabors „Spacelab" auf dem Gelände der Deutschen Forschungs- und Versuchsanstalt für Luft- und Raumfahrt in Köln. Sahm war dabei, als Reinhard Furrer, Ernst Messerschmidt und Wubbo Ockels, die Wissenschaftsastronauten der ersten deutschen Weltraummission „D1", hier die Handgriffe für ihre Experimente im All trainierten

Als am 30. Oktober 1985 die amerikanische Raumfähre „Challenger" von Cape Canaveral in Florida zu einem einwöchigen Flug in den Weltraum startete, betrieb die Bundesrepublik zum ersten Mal All-Forschung in Eigenverantwortung. Das Raumlabor „Spacelab", in dem sich hier Ernst Messerschmidt, 300 Kilometer über der Erde, schwerelos bewegt, kostete 2,5 Milliarden Mark, der Schuß in den Orbit 400 Millionen. Und das ist erst der Beginn des ehrgeizigen deutschen Weltraumprogramms

Wubbo Ockels, Ernst Messerschmidt und Reinhard Furrer (von links nach rechts) wieder am Boden im Cockpit eines Space-Shuttle. In 12-Stunden-Schichten absolvierten die Wissenschaftsastronauten während der 110 Erdumkreisungen der D1-Mission insgesamt 76 Versuche unter Schwerelosigkeit. Sie testeten den Gleichgewichtssinn, das Pflanzenwachstum und das Erstarren von Metallschmelzen am Himmel

365:23:59:39
DFV

HANNOVER MESSE '86

Weltraumexperte Sahm ist im Hauptberuf Professor für Gießereikunde an der Rheinisch-Westfälischen Technischen Hochschule in Aachen. Unter der Anleitung des Chefs experimentieren Mitarbeiter und Studenten mit neuen Guß-Techniken für filigrane Brillengestelle und klotzige Maschinenteile. Die Hälfte von Sahms Studenten kommt aus dem Ausland

Pause beim „Columbus-Workshop" in Hannover, auf dem 150 Wissenschaftler über die europäische Beteiligung an der geplanten US-Weltraumstation diskutieren. Professor Sahm ist als Referent dabei, um die wissenschaftlichen Ergebnisse der „D1"-Mission vorzutragen

„Die Zukunft liegt im All"

Er hat sein ganzes Leben mit ihr verbracht. Sie hält den Pudding, den er so gern ißt, in der Schale und seine streng nach hinten gekämmten Haare in Form. Sie läßt ihn 70 Kilo wiegen und preßt seinen rasant gesteuerten Audi auf die Straße. Sie sorgt dafür, daß seine selbstgemalten Bilder zu Hause an den Wänden hängen, und sagt ihm, wo oben und unten ist. Sie läßt ihn – wie jeden Menschen – nicht los: die Schwerkraft. Doch auch die Schwerelosigkeit hält Peter Rudolf Sahm in ihrem Bann.

Computer-Duft liegt in der Luft. Ein schmaler Gang, zu beiden Seiten bis zur Decke Schrankwände aus Metall. Die Fronten ein einziges Schaltpult: Knöpfchen, Tasten, flakkernde Kontrollämpchen. Ab und zu ein Piepsen aus der Elektronik. Monitore mit Zahlenanzeigen, die hastig immer weiterrennen. Von der Decke leuchten Neonröhren, summen Lautsprecher und blicken Videokameras. An den Wänden jeden Meter vertikale Stangen zum Festhalten. In fünf Meter langer und vier Meter breiter Metallröhre: Studierstübchen der Moderne. Weltraumlabor. Spacelab.

Sahm – 1,80 Meter groß, 52 Jahre alt, schlank, ein wenig schlaksig, mit goldgerandeter Brille, schwarze Haare, im kurzärmeligen Pilotenhemd, am rechten Handgelenk eine silberne Kette, am anderen eine Digitaluhr mit eingebautem Taschenrechner – blickt auf die Bildschirme, drückt

Tasten, öffnet Schranktüren, zeigt die Versuchskammern, die dahinter liegen. Bewegt sich im Raumlabor mit der traumwandlerischen Sicherheit einer Hausfrau in der Küche. Er hat zum Ortstermin in den „Spacelab"-Simulator geladen, auf das Gelände der Deutschen Versuchsanstalt für Luft- und Raumfahrt in Köln Porz-Wahn. Trainingsstätte für Raumfahrer. Im getreuen Abbild des deutschen Weltraumlabors übten Furrer, Messerschmidt und Ockels, die Wissenschaftsastronauten der „D1"-Mission, alle Handgriffe für ihren Flug in den Raum. Nur die Schwerelosigkeit konnten sie hier nicht testen – die läßt sich auf der Erde nicht simulieren.

Sahm war dabei. Beim Training und als es ernst wurde. Als die Bundesrepublik zum ersten Mal All-Forschung in Eigenverantwortung trieb. Er ist der oberste Weltraum-Forscher der Nation.

Als im Oktober 1985 das amerikanische Space-Shuttle „Challenger" mit Donnergetöse und Feuerschweif von Cape Canaveral abhob und das zweieinhalb Milliarden Mark teure deutsche „Spacelab" in eine Umlaufbahn um unseren Planeten schoß, hat er im bayrischen Oberpfaffenhofen die Stellung gehalten und das himmlische Geschehen vom „German Space Operation Center" aus nicht aus dem Auge gelassen. Stunden um Stunden, sagt er, habe er „am Monitor verbracht und die Daten von Experimenten im All abgerufen". Er hat sich ab und zu selbst eingeschaltet, wenn Flugmanöver und wissenschaftliche Versuche nicht gleichzeitig stattfinden durften, und entschieden, was Vorrang hat. Dann wieder trommelte er das Bodenpersonal zu Besprechungen zusammen, plauderte mit Politikern, informierte Industrievertreter. Und in Pressekonferenzen hat er die Öffentlichkeit unterrichtet über „Befindlichkeitsminderungen der Crew als Folge der Raumkrankheit". Zwei Wochen lang, sagt er, habe er damals „keine Nacht mehr als vier Stunden geschlafen".

Das soll ihm noch öfter bevorstehen. Denn das 400 Millionen Mark teure Spektakel war nur der Auftakt der deutschen Aktivitäten im All. Die Bundesrepublik will gewaltige Forschungsanstrengungen außerhalb der Erdenschwere unternehmen und in Zukunft viele Milliarden in den Orbit feuern.

Spacelab überall – auch in Sahms Kontor: Ein konservengroßes Modell des All-Labors und eine Shuttle-Nachbildung aus Plexiglas stehen auf dem großen runden Tisch im Arbeitszimmer des Weltraumexperten. Der Hausherr mag's präzise. Mit Schreibmaschine hat er auf zwei Papierbogen in Countdown-Manier ein „Programm" geschrieben, das durch einen typischen Arbeitstag führen soll. „7.00 Ankunft im Büro: PRS." Der Mann mit den drei Buchstaben – den Abkürzungstick hat Peter Rudolf Sahm von seinen Aufenthalten in Amerika mitgebracht – betritt jeden Tag pünktlich zur frühen Morgenstunde sein Arbeitszimmer, Intzestraße Nr. 5 in Aachen, dritter Stock.

Die Bundesrepublik will Milliarden in den Weltraum schießen

An der Innenseite der Tür verwandeln sich auf einer Graphik von M.C. Escher Vögel nach strengen geometrischen Gesetzen und graphischem Trick zu Fischen. Schrankwand, zwei Schreibtische. Und um nicht dauernd sitzen zu müssen: zwei Stehpulte. Eiche gebeizt, furniert und massiv auf grünkariertem Teppichboden. Videoanlage, Diaschrank, Gegensprechanlage. Akten- und Papierstapel auf den Tischen, alle Häufchen in Reih und Glied. Ein Wandregal, gefüllt mit Ordnern und Büchern, alle aufrecht im Lot. Die Schatten der großen Fensterkreuze, die eine noch tiefstehende Sonne schräg übers Mobiliar wirft, muten beinah schon wie Störenfriede an in dieser Atmosphäre des rechten Winkels.

Das halbe Dutzend schwarzer gußeiserner Motiv-Kacheln,

die als Bilder an den Wänden hängen, verweisen auf des Büroinhabers irdische Profession: Sahms Haupt-Beruf, der zum Neben-Job wurde, ist die Gießerei. Der Doktor der Ingenieurwissenschaften ist Professor für Gießereikunde und geschäftsführender Direktor des Gießerei-Institutes der Rheinisch-Westfälischen Technischen Hochschule (RWTH) in Aachen. Und gilt als ein Elite-Forscher der Republik: Im April 1986 erhielt er den „Gottfried-Wilhelm-Leibniz-Preis" – eine Auszeichnung, die erstmals von der Deutschen Forschungsgemeinschaft vergeben wurde und die hervorragende Naturwissenschaftler hierzulande krönen soll. Ehre, Urkunde und Scheck über drei Millionen Mark für Forschungszwecke.

„7.30 Termine etc.". Programmpunkt zwei. Mit der Institutssekretärin füllt PRS letzte Lücken im Terminkalender. Morgen ein Vortrag in Hannover. Nächste Woche Montreux, da geht es auf einer Tagung um die kommerzielle und industrielle Nutzung des Weltraums. Dann Bonn, da muß er als Gutachter zur Deutschen Forschungsgemeinschaft. Danach zur europäischen Raumfahrtbehörde ESA, die bei Sevilla tagt. Und hinterher Köln, zu einem Symposium über Weltraumforschung, Thema: „Der Mensch unter extremen Bedingungen". Dazwischen Vorlesungen und Seminare, Sprechstunden und Prüfungen für die Studenten der RWTH. So wie die „D1"-Astronauten minutengenau in ihren Zwölf-Stunden-Schichten das Pensum der insgesamt 76 Versuche am Himmel zu absolvieren hatten, absolviert Sahm sein Programm auf der Erde.

„8.00 AC-Treffen". Diskussion mit Mitarbeitern der „aesthetics commission" über Verschönerungen am Institutsgebäude und über die Neuauflage der Institutsbroschüre. Der Chef hängt sich auch in Nebensächliches rein – scheinbar Nebensächliches: Es gilt, mit äußerlichem Glanz und der

Broschüre mehr Studenten ans Aachener Institut zu locken. Das Interesse an Gießereikunde ist im Inland sehr gering, die Hälfte der Studenten im Haus sind Ausländer. Dabei, erzählt der Professor, fragen nicht nur die Entwicklungsländer sehr nach frischgebackenen Gießerei-Ingenieuren, sondern auch die einheimischen Industrie-Betriebe. Zu den meisten davon haben die Aachener einen ausgezeichneten Draht – dort sitzt im Management manch ein ehemaliger RWTH-ler. Gerne, sagt PRS, habe er Korpsstudenten am Institut. Seine in Verbindungen organisierten Mitarbeiter, das seien „alles tolle Kerle, mit erstklassigem Teamgeist”.

„9.00 Gang durchs Haus”. Sahm zeigt vor, was Gießereikunde heute ist. Es riecht nach Wunderkerzen und Autowerkstatt. Pressen zischen, Hebekräne ächzen, Schmelztiegel glühen und Computer summen. Der Professor führt durch enge Büros, geräumige Werkstätten und weite Hallen. Ingenieure in grauen Kitteln erproben verschiedene Sandgemische für möglichst feste Formen, die aber doch wieder zerstörbar sein müssen, um die Gußteile freizulegen. Mitarbeiter haben ein Rechnerprogramm entwickelt, das ein jedes beliebige Gußteil farbig auf einen Bildschirm zeichnet. Da leuchtet bunt die präzise Temperaturverteilung beim Erkalten der Schmelze, wird das Voranschreiten der Erstarrung sichtbar. Die Folge: Das Wachsen der Metall-Gefüge kann durch Veränderungen der Formen und Gußtechniken präzise gesteuert werden. Simulation, um in der Praxis gezielt zu gewünschten Produkteigenschaften zu kommen.

Die Ingenieure, auf den Reporter-Besuch bestens vorbereitet, erklären, manchmal hilft der Regisseur im Pilotenhemd freundlich, aber bestimmt nach. Und drängt dann zum Weitergehen. Die anderen warten. Eine weitere Gruppe des PRS-Teams wendet das eben Gesehene praktisch an. Kühlt flüssige Metalle gesteuert ab, lenkt so den Wärmefluß in eine Richtung und schafft es, mit dieser „gerichteten Erstarrung" die Lebensdauer von Flugtriebwerksschaufeln zu verdoppeln. Im Labor nebenan werden „einkristalline" Turbinenschaufeln „gezüchtet". Stücke, die aus einem einzigen Metall-Kristall bestehen und noch stärker und länger als die „gerichteten" belastet werden können. Und ein paar Türen weiter experimentieren Ingenieure in Zentrifugen mit dem Guß verschiedener neuer Metallegierungen, von denen sie hoffen, daß sie einmal das Gold der Zahnprothesen ersetzen werden. „Festgemauert in der Erde steht die Form aus Lehm gebrannt" bei Sahm, den beiden anderen Professoren und den 25 weiteren Mitarbeitern des Institutes nicht mehr. Gießerei à la Schillers Glocke ist passé.

Im All Experimente für neue Metallverbindungen

Des Hausherrn Show hat überzeugt: Auch im Kunststoff-Zeitalter sind Metall-Produkte unersetzbar. Ob hochintegrierte Mikrochips oder elastische Flugzeugschwingen, ob hauchdünne Solarzellen oder mächtiger Panzerstahl – die mechanischen und elektrischen Eigenschaften der Metalle hängen davon ab, wie die festen Gefüge aus dem flüssigen Stoff wachsen. Und dabei spielt die Temperatur eine entscheidende Rolle – und die Schwerkraft. Oder ihr Fehlen, die Schwerelosigkeit. Und die gibt es nur im All, auf einer stabilen Erdumlaufbahn, wo sich die Gravitation des Planeten und die Zentrifugalkraft des Satelliten gegenseitig aufheben. Die Gießereikundler wissen, daß unter Schwerelosigkeit hergestellte Schmelzen unterschiedlicher Metall-Komponenten sich viel gleichmäßiger mischen als auf der Erde, und sie hoffen, daß dabei völlig neue, bislang unbekannte Eigenschaften der neuen Materialien entstehen. „D1" hatte einen Schmelzofen an Bord. Darin haben Furrer, Messerschmidt und Ockels zwei ungleich schwere Metalle zu einer Legierung verschmolzen – auf der Erde hätte das nicht geklappt. Materialwissenschaftler brennen auf weitere Weltraum-Versuche, wollen wissen, was noch möglich ist. Gießen im Weltraum – Aachen im All?

„12.00–14.00 Arbeitslunch”: Es geht zum Griechen um die Ecke. Mittagspause nur zum Essen oder gar zum Entspannen? Zeit ist viel zu kostbar. Der Professor hat einen Kollegen eingeladen, mit dem er zwischen Salat und Gyros konferiert. Beim Mokka erklärt Sahm dann, wie jemand, der Silvester selbst noch Blei gießt, zum Extraterrestrischen gekommen ist. Der Start der Schwerelosigkeitsforschung damals, sagt Sahm und lacht, habe ein rein politisches Motiv gehabt. 1972, sagt er, entschied „der damalige Bundeskanzler”, das deutsche Himmelslabor Spacelab zu bauen. „Es gab zu diesen Zeiten noch keinen wissenschaftlichen Wunsch, mit Schwerelosigkeit etwas zu machen, das wurde politisch verordnet.”

Die Vorbereitungen für die nächste deutsche Weltraummission laufen schon

Da war dann der Aachener Gießerei-Experte von Anfang an bei den Planungen fürs All dabei. Als einer von mehreren Gutachtern, zuständig für „Metalle und Verbundwerkstoffe”. Wahrscheinlich weil er damals wegen seiner harten Kritik und Skepsis bei der Diskussion zukünftiger Weltraum-Experimente aufgefallen sei, vermutet der Professor, habe man ihn schließlich bei „D1” zum „Projektwissenschaftler” gemacht. Das ist der Sprecher und Vertreter der an der Mission beteiligten 150 Wissenschaftler, der, so Sahm, „gegenüber den anderen am Raumfahrtprogramm beteiligten Partnern die Interessen der Forscher vertritt.” Für die zweite deutsche Weltraummission „D2”, deren Vorbereitungen längst laufen, wurde PRS' Aufgabe umbenannt. „Programmwissenschaftler” heißt er nun. Das bedeutet: ähnliche Aufgaben wie bisher, nur muß Sahm nun auch die deutsche Schwerelosigkeitsforschung in der „nationalen und internationalen Forschungslandschaft repräsentieren". Entscheidungsgewalt über die Experimente im All hat der Professor nicht, sie liegt bei den jeweiligen Gutachterausschüssen. Denn außer den Materialwissenschaftlern gibt es auch noch andere Forscher, die auf Experimente im Spacelab drängen: Biologen und Mediziner.

Nachmittag im Hause Intzestraße 5: Mit den beiden anderen Professoren des Institutes müssen in der „Stabsbesprechung" Gelder verteilt und ein Bewerber für eine Metallographenstelle ausgesucht werden. Ein Diplomand braucht Rat für die Examensarbeit. Im Seminarraum warten Doktoranden auf Sahms Anleitungen. Der Professor muß reden, reden, reden. Das tut er mit energischer Stimme, die nie einfach nur spricht, sondern immer auch vorträgt und motivieren, mitreißen will. Spricht Sätze, in denen er beinah ein jedes Wort betont. Mal malt er im Gespräch mit seinen Händen Gußteile in den leeren Raum, mal stützt er den Kopf auf die gefalteten Hände. Sahm ist immer freundlich, oft sogar fröhlich. Der Institutschef wird nie kumpelhaft und niemals autoritär. Aber er läßt dennoch keinen Zweifel an seiner Autorität.

Eine Kaffeepause oder anderes Entspannendes hat PRS' Programm nicht vorgesehen. Das braucht der Professor ohnehin nicht. Kein Nikotin. Kein Alkohol. Meist sei er „mit großer innerer Freude" an der Arbeit. Frühgymnastik an der offenen Balkontür und der Verzicht aufs Fahrstuhlfahren bei weniger als acht Stockwerken reichen, um seinen Motor auf Hochtouren zu bringen. Und der kommt nur selten ins Stottern. „An Tagen, an denen ein Termin den anderen jagt und alles nicht so gut vorbereitet ist, daß ich alles im Blick habe", sagt er, „dann werde auch ich nervös." Feierabend ist auch abends nicht, wenn er um sieben „zur Lebensgefährtin" und deren Tochter ins Aachener Reihenhaus kommt. Mindestens zwei Stunden lang muß Sahm dann noch Ausarbeitungen von Mitarbeitern und die Sturmflut wissenschaftlicher Veröffentlichungen studieren. Als Geheimtip, ihn mal sprechen zu können, gilt: sonntags anrufen, im Büro. Denn selbst dann ist der Professor im Dienst. Vom Jahresurlaub – jedes Jahr geht's auf die Nordsee-Insel Norderney – verschenkt er meist eine Woche.

PRS scheint ein Mensch im unentwirrbaren Geflecht von Interesse und Macht, Verantwortung und Pflicht, Gebrauchtwerden und Wichtigsein, Ehrgeiz und Ruhelosigkeit. Doch mit dem Dauerstress kann Sahm leben wie ein Faulenzer mit dem Müßiggang. Scheint die Anspannung zu brauchen wie der Playboy den Porsche. Nur manchmal, wenn der Professor aufhört zu reden, weicht die Energie aus seinem Gesicht, und die Mundwinkel sacken vor Erschöpfung nach unten. Aber im Nu sind die Kraft, der Elan und das überaus freundliche Gesicht wieder da. Was macht er, wenn er wirklich einmal Freizeit hat? Werkelt im Grünen hinter seinem Haus. „Gartenarbeit ist sehr schön", sagt der Mann, der so oft mit Schriftstücken umgehen muß, „weil sie dreidimensional ist, also nicht nur papieren."

Was macht er, wenn er Freizeit hat? Er arbeitet

Den Eindruck, daß ihm keine Freizeit bleibe, dementiert er. Sahm: „Jeden Tag frühstücken wir zu Hause zusammen und essen auch gemeinsam Abendbrot." Allemania-Aachen-Spiele ansehen, überhaupt Fußball-Gucken, mag er nicht. Doch durch 600 Seiten des „Namen der Rose" habe er sich neulich gekämpft. Des Ingenieurs Geheimnis: Organisation.

Tags darauf muß der Professor zu seinem Vortrag nach Hannover. Die Reise macht er mit seinem neuen Audi Quattro, den alten Mercedes-Benz hat er seinen Studenten zur Verfügung gestellt, die haben ihn in einer Materialkunde-Übung auseinandergenommen. Eine Autofahrt – das ist für PRS nicht einfach nur Fortbewegung. Wann immer der Gießerei- und Weltraum-Experte über die Autobahn zu seinen Terminen rauscht, lauscht er statt flotten Rhythmen aus dem Kassettenrecorder nasalen und rollenden Lauten vom Band. Sprachunterricht. Sahm lernt per Kassetten Französisch und Russisch. Diesmal schweigen die fremden Stimmen. Der Professor erzählt.

Biographischer Rapport zwischen Aachen und Dortmund: Geboren in Berlin, der Großvater hatte eine mechanische Werkstatt. Der Vater war Apotheker, die Mutter erzog den Sohn. Zu Kriegsende Flucht in die Lüneburger Heide. Bei den Bauern in Soltau haben die Sahms gearbeitet – und gebettelt. 1949 fuhr er als Austauschschüler ein Jahr nach Amerika. Dann Abitur, wieder in Berlin. Den Oberschüler hatten die Musen geküßt. Er hat Klavier gespielt – „bis zu acht Stunden täglich geübt". Mit Pinsel und Aquarellfarben malte er Landschaften, und mit dem Schnitzmesser schuf er Old Shatterhand und Winnetou. Im Augenblick, sagt der Professor, liege das alles brach. Aber er ist „davon überzeugt, daß das wiederkommt". Später, wenn er mehr Zeit hat.

Der Himmelsstürmer – ein verhinderter Pastor

„Ursprünglich wollte ich Theologie studieren", sagt Sahm und hat fast eine Autobahnabzweigung verpaßt. Mit heftig quietschenden Reifen bekommt er gerade noch die Kurve. Der „stark theologisch gefärbte Unterricht" seines Deutschlehrers hatte den Protestanten Sahm begeistert. Daß der Apothekersohn heute nicht von der Kanzel predigt, sondern von Kongreß-Podien, lag am Widerstand seiner Eltern. Die waren unerweichbar gegen das „brotlose Theologie-Geschäft". Sie schickten ihn nach Hamm zu einem Verwandten, Bergwerksdirektor von Beruf. Peter Rudolf hat in die Pedale getreten, ist ins Ruhrgebiet mit dem Rad gefahren. „Dieser Onkel", sagt Sahm, „hat mich dazu bewogen, das Hüttenwesen-Studium aufzunehmen." Das hat er in

Berlin absolviert, gelebt und gebüffelt im Hause seiner Eltern. Bis zum Ingenieur-Diplom 1959.

Dann die Doktorarbeit und ein Angebot aus den USA. Der Job jenseits des Atlantiks hatte mit Gießereikunde überhaupt nichts zu tun; Sahm mußte sich „mit den modernsten werkstoffwissenschaftlichen Theorien" beschäftigen, von denen er „bis dahin nichts gehört hatte". Beschäftigt hat er sich in der Neuen Welt auch mit seiner alten Leidenschaft. Die sechs Jahre USA, sagt er, habe er „geteilt zwischen der Firma und der Kirche". Er habe „so 'ne kleine school of religion" aufgebaut. Ein Diskussionskreis, in dem die Bibel nicht nur ausgelegt, sondern mit „richtigen geschichtskritischen Methoden durchgesprochen und diskutiert wurde". Und wenn es darum ging, ob die Genesis oder die Darwinsche Theorie wahr sei, habe er sich immer für die naturwissenschaftliche Abstammungslehre des Menschen stark gemacht.

Sahm glaubt an Gott – und an Telepathie. Die erlebt der Professor gelegentlich selbst. Beispielsweise habe er es vorausgeahnt, erzählt er, als ihm unerwarteterweise vor zehn Jahren der erste Zahn gezogen wurde. In der Nacht zuvor hatte er geträumt, daß ihm jemand den Kopf abschlagen würde. „Es hat geblutet, aber es war gar nicht so schlimm." Am nächsten Tag floß das Blut dann wirklich – auf dem Zahnarztstuhl. Über andere Telepathie-Erlebnisse, sagt er, möchte er nicht reden. Die lägen zu sehr in persönlichen Sphären.

Ein Angebot, im schweizerischen Baden ein neues Forschungslabor aufzubauen, lockte den Ingenieur nach Europa zurück. Es gäbe doch „eine Verwurzelung, die viel tiefer geht, als man glaubt". In den Alpen brachte Sahm die Entwicklung von neuen Werkstoffen für Turbinen in Schwung, dann in Heidelberg ein Labor aus dem Gebiet der

neuen Werkstofftechnologien. PRS: „Ich hatte immer weniger wissenschaftliche und mehr Manager-Aufgaben wahrzunehmen.” 1978 kam der Ruf an die Hochschule in Aachen.
Wir rauschen an der Industrie von Oberhausen vorbei. Ruhrgebiet. Zentrum der bundesdeutschen Stahlkocher. Da drüben, sagt Sahm, habe er ein halbes Jahr als Praktikant vor dem Studium gearbeitet. Er zeigt auf den Qualm der Hochöfen und die riesigen Hallen der ehemaligen „Hüttenwerk Oberhausen AG”.
Keine Extras, kein Firlefanz im Cockpit. So, wie das Auto vom Band lief. Permanenter Allrad-Antrieb. Wie auf Gleisen gezogen steuert der Ingenieur den weißen Wagen, der noch neu riecht, über die Betonpiste. Schnell. Auf Gas und Bremse, auf Technik vertrauend. Da ist ab und zu eine Hand frei, um in der Luft die Rede zu untermauern.

„Schwerelosigkeit ist kein Zustand, der mich entzückt”

Zwischen Dortmund und Hannover: Gedanken an viele hundert Kilometer weiter oben.
Wäre der Professor gern im All dabei? „Schwerelosigkeit ist für mich eine physikalische Größe”, sagt er, „kein Zustand, der mich psychologisch entzückt.” Dennoch würde er den Schwebezustand gern erleben. Doch wie jetzt die Astronauten in den Himmel rasen, dazu sei seine „Physiologie und Psychologie nicht geeignet”. Erst wenn man in den Weltraum auch ohne die hohen Beschleunigungen kommen könnte, dann ist auch Sahm dabei. „Mit dem übernächsten Konzept, das heute schon auf dem Tisch liegt, mit dem Raumflugzeug, das wie ein normales Flugzeug startet und sehr langsam beschleunigt, da würde ich mitfliegen.” Sagt er bei Tachostand 150.
Was ging in ihm am 28. Januar 1986 vor, als am Himmel von Florida „Challenger” explodierte und sieben US-Astronauten ums Leben kamen? Das hat ihn getroffen. „Allerdings”, sagt PRS, „hat mich das auch nicht einen Moment nur zau-

dern lassen, daß wir diesen Weg weitergehen müssen." Navigare necesse est. „Die Wikinger, die sich auf das Meer begaben, haben sich auch nicht zurückschrecken lassen, als sie gesehen haben, daß ihr Kollege da mit dem Schiff untergegangen ist." Das sind Lernprozesse, sagt Sahm, „die sehr bitter sind, aber sie müssen gemacht werden". Denn die Sucht des Menschen nach mehr Erkenntnis mache das Leben überhaupt erst interessant. PRS: „Würden wir uns alle gleichen, würden viele Selbstmord begehen, weil es langweilig ist."

Challenger, Tschernobyl, kranke Bäume, die links und rechts neben dem grauen Straßenband vorbeihuschen. Technischer Fortschritt um jeden Preis? Sahm weicht aus. „Vor zwanzig Jahren", sagt er, „wäre es nicht möglich gewesen, einen kranken Menschen weit ab vom Krankenhaus zu retten. Das schaffen heute Flugzeuge und Notarztwagen. Bei großen Erdbebenkatastrophen wäre es früher nicht möglich gewesen, ein solches Gebiet mit Hilfe zu versorgen – das ist heute technisch ein leichtes." Sind unserer Gesellschaft die durch künstlich erzeugte radioaktive Strahlen bedingten Krebstoten zuzumuten? „Unbedingt", sagt er allen Ernstes.

Navigare necesse est. Raumfahrt tut not

Der Professor: „Wenn ich was Gutes tue, erwirke ich immer auch was Böses, und umgekehrt. Wo da die Grenzen genau zu setzen sind, das ist eine Tragik, in der sich der Mensch bewegt – seit Anbeginn seiner Existenz." Auf eine sinnvolle Balance kommt es an, „schwarz-weiß malen oder grün-rot gibt's nicht".

Links hält Sahm sich nur auf der Autobahn. „Die moralische Entwicklung des Menschen ist sicher noch im argen", sagt er, „sie bedarf noch vieler Änderungen." Und die seien „über einen einfachen Programmiertrick" nicht zu bewerkstelligen – nur „durch einen Prozeß, der den Menschen mehr und mehr enthebt von seiner materiellen Struktur". Der Homo sapiens sollte „das Gefühl haben, nicht mehr an seinem Körper zu hängen, sondern sich mit seinem Geist behaupten zu können. Was wir an Lehrinhalten in den Menschen einfüllen, ist nicht dazu geeignet, den Menschen zu einem moralisch hochstehenden Wesen zu machen. Leider kommt eben immer wieder dasselbe traurige Ergebnis heraus."

„Ich finde SDI lächerlich, weil es nicht halten kann, was es verspricht"

Was denkt PRS über SDI? „Ich finde SDI lächerlich", sagt er, „weil es nicht halten kann, was es verspricht. Als Verteidigungssystem völliger Unsinn, denn es ist nicht lückenlos. Ich kann mir nicht vorstellen, daß die amerikanischen Militärs so dumm sind, an diesen Quatsch zu glauben." Dennoch: Eine solche Forschungsaufgabe, glaubt Sahm, könnte viel Erkenntnis mit sich bringen. Es könnte „eine Entwicklung sein, die zu neuen Ufern führt. Nämlich etwa dazu, die Lasertechnik weiter zu entwickeln, etwa Röntgenlaser herzustellen." Eine Petition gegen SDI würde er nicht unterschreiben. „Dann würde ich benutzt werden", sagt er, „von undurchsichtigen Organisationen, die wenig informierte Menschen in falsche Richtungen lenken."

Würde der Professor in der Friedensbewegung mitarbeiten? Er überlegt keine Sekunde: „Sofort." Sahm: „Ich würde ernsthaft in einem Friedensforschungsinstitut mitarbeiten." Aber: „Die allgemeine Wald-und-Wiesen-Friedensbewegung ist mir zu naiv, weil sie meines Erachtens gegenüber unsachkundigen Einflüsterungen zu anfällig ist." Die heutige Friedensbewegung sei „unterwandert von zwielichtigen Elementen". Der Professor auf der Überholspur.

Wir leben im Jahre 25 der bemannten Raumfahrt, 17 Jahre nach dem ersten Fußtritt für den Mond. Wo geht die Reise hin? Daß man Raumfahrt nur zuletzt militärisch sehen darf, das ist für PRS klar. In erster Linie, sagt er, „wird sie auf der

Erde unseren zivilisatorischen Belangen nutzen. Die kleine Fabrik im Weltraum – die wird es mit Sicherheit geben." Dabei denkt Sahm an die schwerelose Herstellung spezieller biologischer und pharmazeutischer Substanzen, aber auch besonders homogener und reiner Kristalle für die Halbleiterphysik und – natürlich auch von Metallen und Verbundwerkstoffen. Allerdings, sagt er, werde diese Produktion im All teuer. Doch: Letztlich koste ja die derzeitige Raumfahrt den einzelnen Bundesbürger statistisch gesehen so viel wie ein Glas Bier pro Jahr. „Für mich", sagt der Mann, der dem Himmlischen stets zugetan war, „ist der einzige Weg, unsere Probleme auf der Erde zu lösen – der Weltraum."

So rasant, wie er seinen Wagen durch Wälder und Auen des niedersächsischen Berglands lenkt, will Sahm auch die Menschheit in die Zukunft steuern. „Der Mond wird bevölkert werden können – und müssen – und wollen." Der Professor betont jedes Wort. Im Jahr 2010, schätzt er, könnte es soweit sein, wenn alles glatt geht, ohne „Atomkriege oder so was". Auf dem Erdtrabanten werden Astronauten dann nicht nur mal ein paar Schritte machen, sondern sich häuslich niederlassen und eine heimatliche Atmosphäre schaffen. Den dazu nötigen Sauerstoff würde man aus den Mineralien auf dem Mond gewinnen. Der nächste Schritt dort sei die Förderung von Rohstoffen, die man brauche, um die Raumfahrt von oben aus weiterzubetreiben. „Wenn wir in den Weltraum spazieren", sagt PRS, erfüllt sich „so eine Art Vorsehung", und dabei „werden wir mit noch viel gefährlicheren Dingen, mit viel heimtückischeren als etwa radioaktiver Strahlung konfrontiert werden."

„Mond und Mars werden schon bald besiedelt werden"

Nach dem Mond der Mars. Sahm: „Es wird eine Gattung Mensch entstehen, vielleicht Ende des nächsten Jahrhunderts, die dort oben geboren ist und gar nicht auf die Erde zurückkommt, sondern auf dem Mond oder dem Mars oder in großen Raumstationen in der Umlaufbahn lebt." Und bestimmt, spekuliert PRS, wird „in grauer Zukunft" auch die Sonne angesteuert und sogar durchflogen werden können. „Mit einem Kühlpanzer – ganz verrückte Idee, aber sicherlich heute schon denkbar. Nur eine Frage der Zeit."

Verkauft dann der Professor sein Reihenhaus und zieht auf den Mond oder Mars? „Wenn ich dann noch lebe", sagt er, „würde ich gerne als Tourist mal hinfliegen und mir die Sache angucken. Aber ich würde ganz gern auf der Erde bleiben. Die Erde ist nämlich sehr, sehr schön."

Ampelleuchten, Autoschlangen. Hannover, Stadtverkehr. Rush hour. Sahm kommt mittags auf dem Messegelände an. Der Professor geht zum Kofferraum, bindet sich einen gestreiften Schlips um, zieht das Anzug-Jackett übers Pilotenhemd und kämmt die schwarzen Haare streng nach hinten. Hier in Hannover tagt der „Columbus Workshop", auf dem er über „D1" referieren wird. „Columbus" – das ist der Name für das Raumlabor, mit dem die Europäer bei der ständig bemannten All-Station der Amerikaner mitmachen wollen. „Die europäische Antwort", so das Bonner Wissenschaftsministerium, „auf die künftige Herausforderung der Raumfahrt." 1987 soll die Entwicklung von Columbus beginnen, für die neunziger Jahre steht der Einsatz im All zur Debatte. Sahm befürwortet das Projekt „voll und ganz".

Der Workshop in Hannover gehört zur Vorbereitungsphase des schätzungsweise 7,7 Milliarden Mark teuren europäischen Himmelstraumes, zu dem die Bundesrepublik knapp drei Milliarden Mark beisteuern will. Im Workshop ist jetzt Mittagspause. Am kalten Büffet diskutieren die 150 Tagungsteilnehmer auf englisch, italienisch, französisch und deutsch weiter. In der Masse ist der Mann aus Aachen verschwunden. Mit einem Puddingschälchen in der Hand taucht Professor Sahm noch einmal auf aus dem Gewühl.

PPS, lacht er, habe ihn ein amerikanischer Kollege immer genannt, weil er so gerne Pudding äße – Peter Pudding Sahm. Und wenn er pensioniert sei, würde er einen Sciencefiction-Roman schreiben.
Dann schwebt der All-Mächtige von dannen.

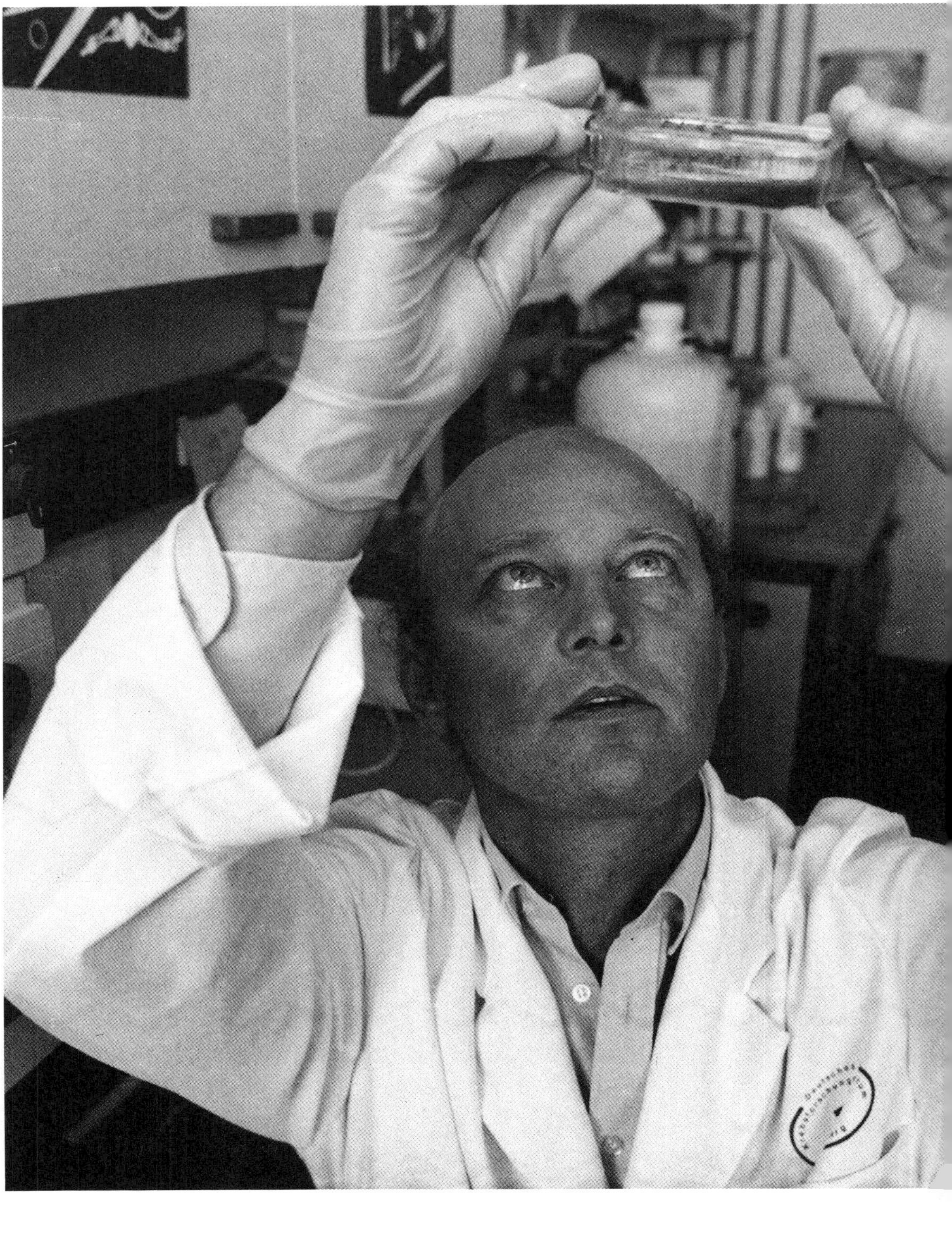

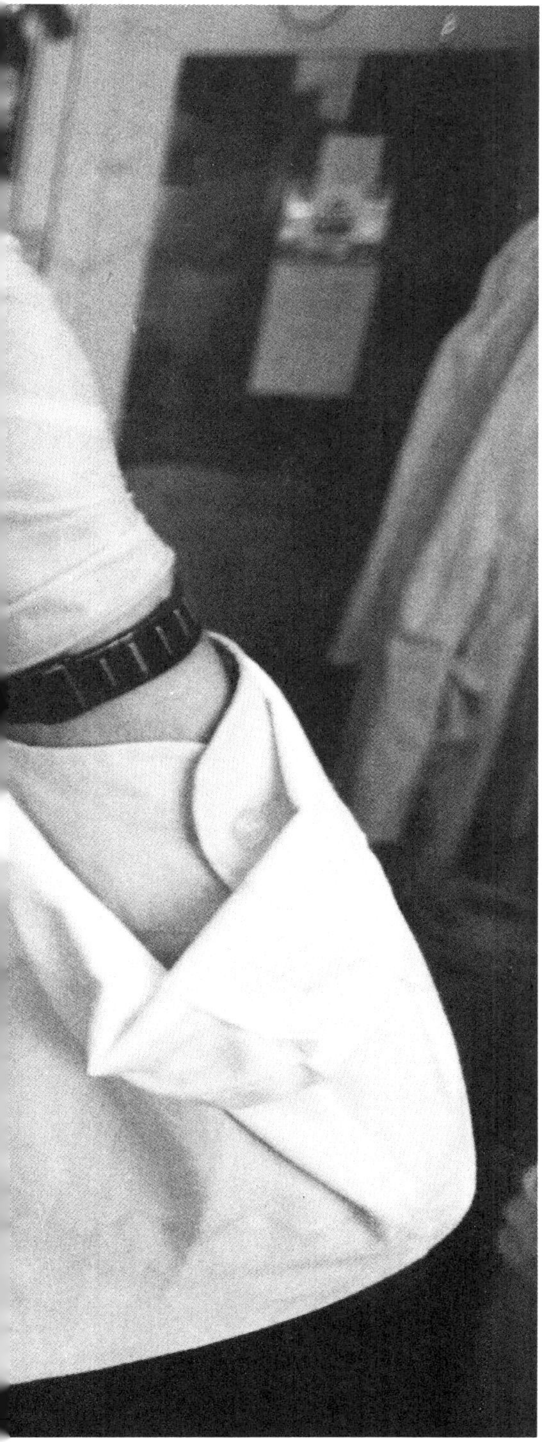

Der Kampf gegen den Killer

Krebsforscher
Volker Schirrmacher
arbeitet daran, das Immunsystem so zu stärken, daß es über die Tumor-Krankheit siegen kann

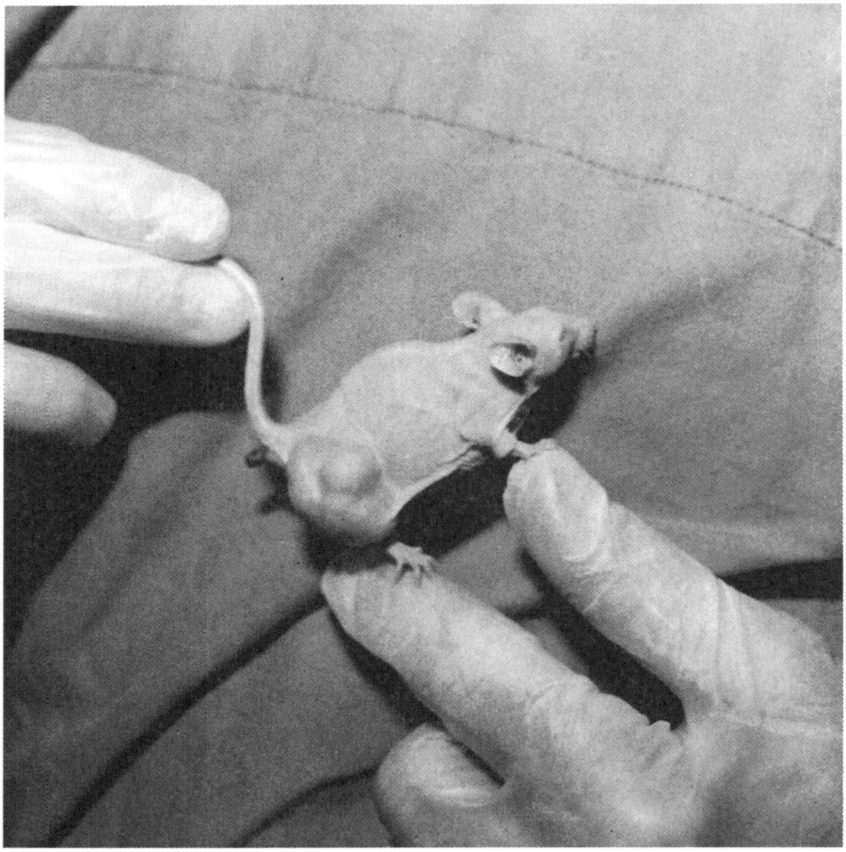

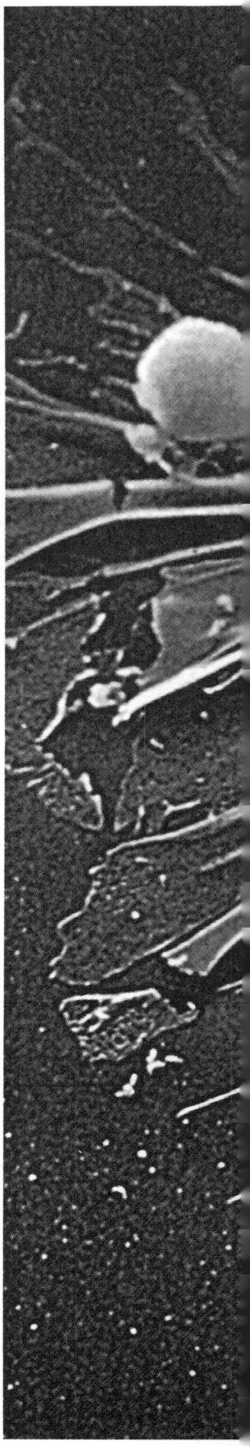

Die Mikroskopaufnahme zeigt bei 5000facher Vergrößerung, wie eine wuchernde Tumorzelle von kleinen Zellen des Immunsystems angegriffen wird. In der Regel jedoch wird die körpereigene Abwehr von Mensch und Tier nicht mit den Krebszellen fertig. Die abgebildete Maus hat einen Tumor am Hinterteil. Ob und mit welchen Tricks man eines Tages das menschliche Immunsystem gegen die Killer-Krankheit aktivieren kann, versuchen Wissenschaftler am Tierexperiment herauszufinden. Bei Mäusen hatten sie bereits Erfolg

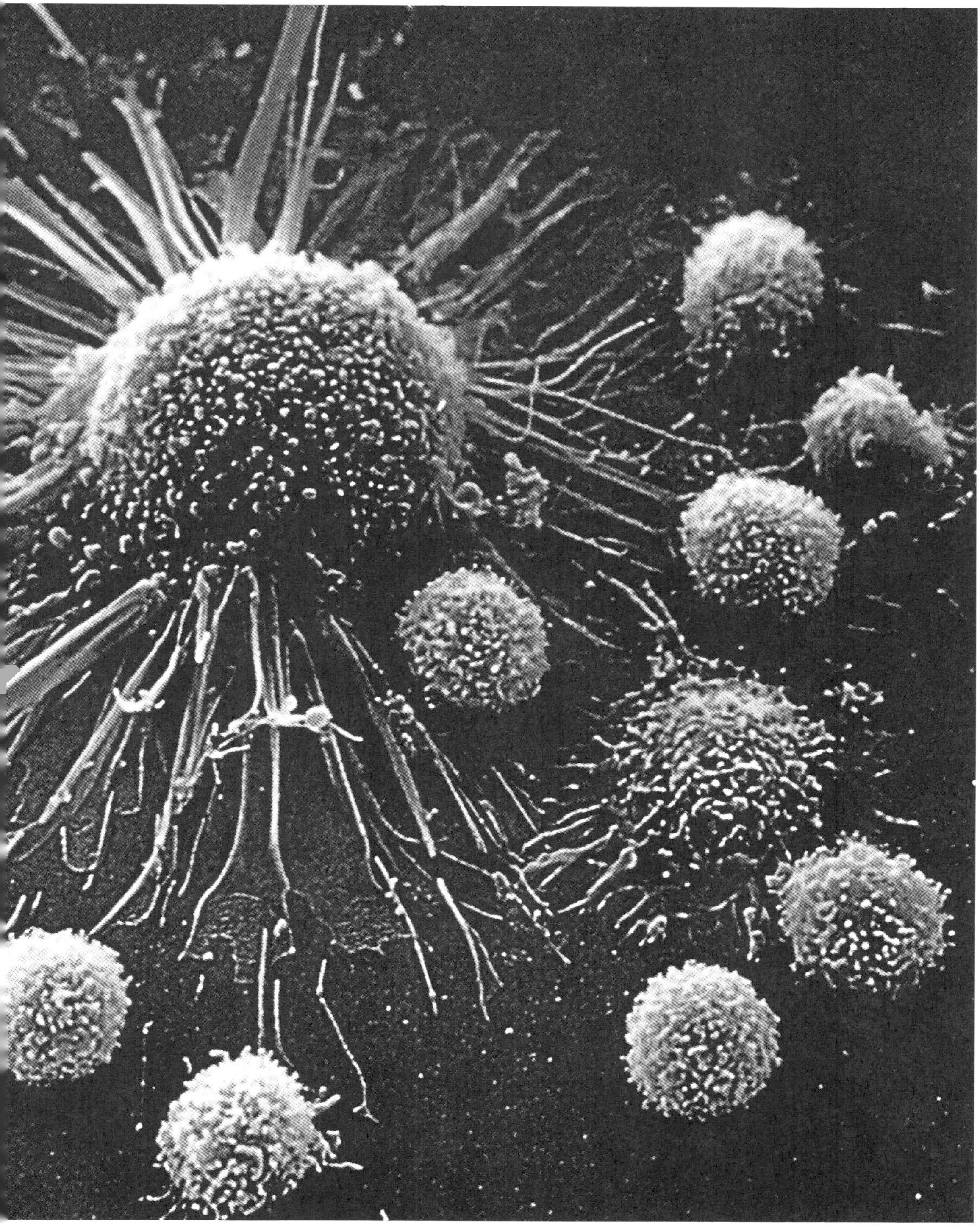

zirkulieren

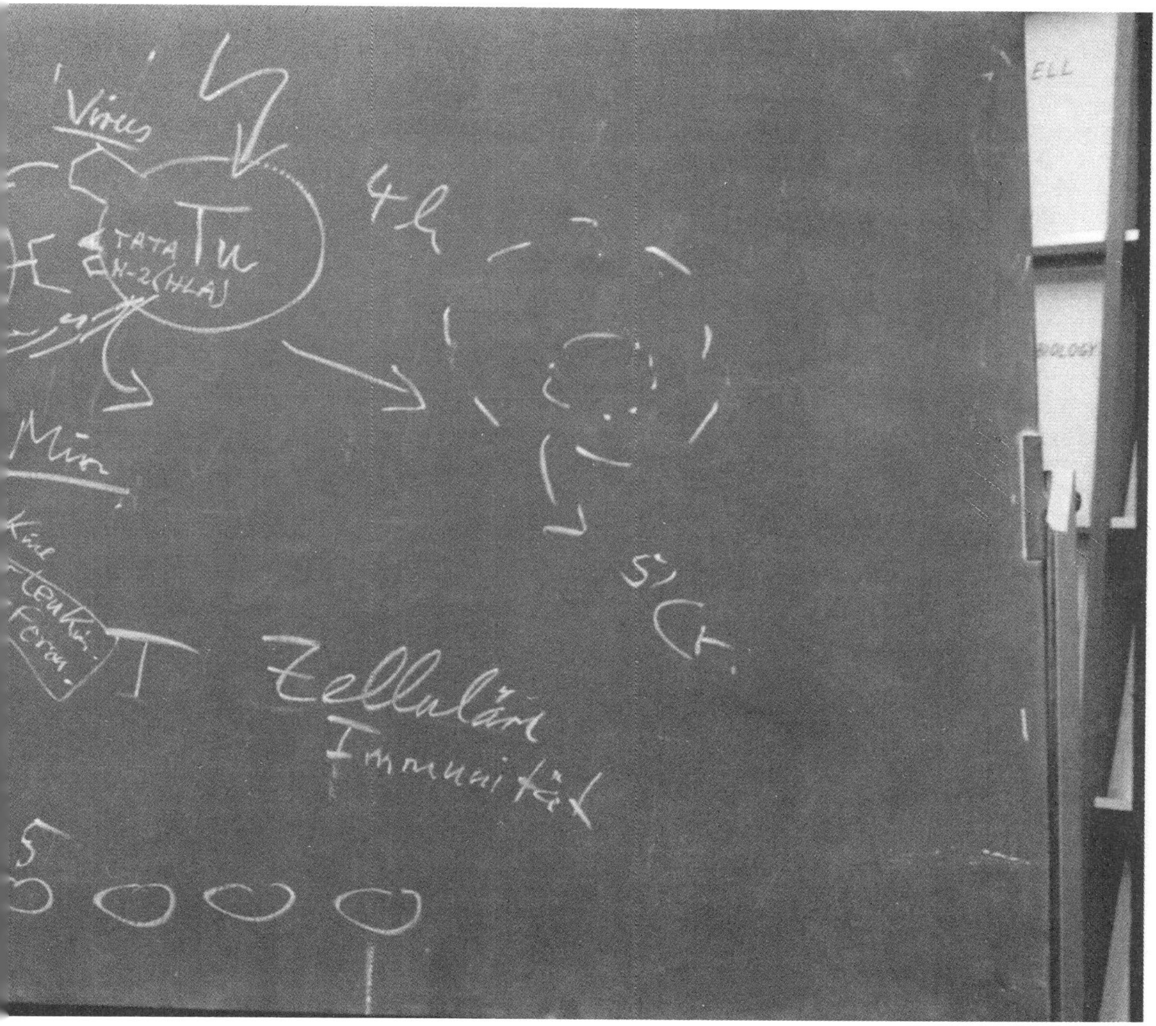

An der Wandtafel skizziert Schirrmacher, wie die Abwehrzellen des Immunsystems fremde Zellen aufspüren und vernichten. Bei Krebs jedoch funktionieren sie unzulänglich. Im Mäuse-Experiment ist es dem Biochemiker aber schon gelungen, die Immunabwehr gegen Geschwulste zu aktivieren – mit Zellen, die zuvor mit Viren behandelt worden waren. Im Deutschen Krebsforschungszentrum in Heidelberg arbeiten 240 Wissenschaftler. Die siebenstöckige Medizin-Fabrik gehört zu den größten Krebsforschungszentren der Welt

Operationen – hier eine Leberbehandlung eines Krebspatienten – oder Behandlungen mit Strahlen und Chemotherapie helfen gegen die heimtückische Krankheit nicht immer. Wenn Metastasen den Organismus überschwemmt haben, müssen wirkungsvollere Behandlungsmethoden her. Sollte der Ansatz des Heidelberger Immunologen-Teams eines Tages zum erhofften Ziel führen, wäre eine ideale Therapie gefunden. Denn die körpereigene Abwehr vermag nur krankmachende Zellen zu zerstören. Der Rest des Gewebes bleibt heil

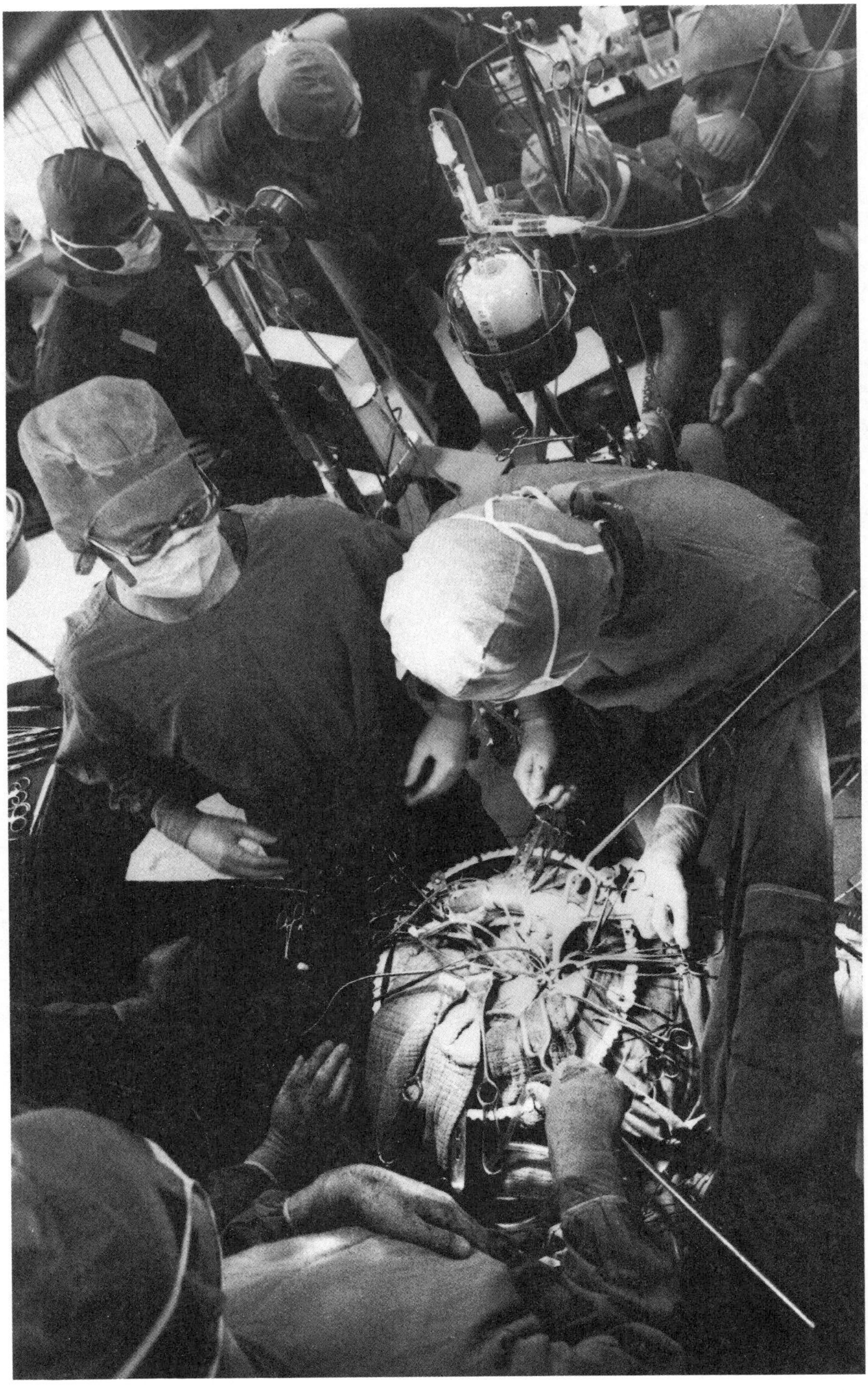

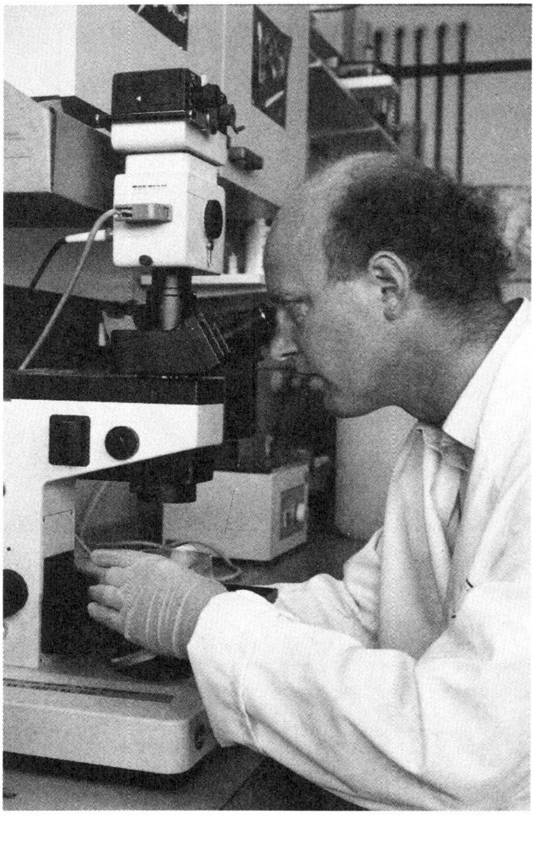

Das Team des Professors ist jung. Mit 43 Jahren ist Schirrmacher, der auf dem Bild links das Wachstum von Zellen kontrolliert, der Senior der Immunologie-Gruppe. Der Krebsforscher versteht sich nicht als Chef, sondern mehr als Dirigent seiner 30 männlichen und weiblichen Kollegen und Laboranten. Durch mehr als 200 wissenschaftliche Veröffentlichungen hat sich die Gruppe in der internationalen Fachwelt einen Namen gemacht

Der Krebsforscher privat: Volker Schirrmacher ist verheiratet und hat zwei Töchter. Jedes Jahr im Sommerurlaub gehört er ganz der Familie – und dem Wasser. Der Professor ist leidenschaftlicher Windsurfer

Der Kampf gegen den Killer

Wochenende. An einem Baggersee. Die Sommersonne versilbert das weite Wasser. Der Wind wiegt die mannshohen Schilfhalme am Ufer und zerrt am blau-weißen Segel auf den Fluten. Ein Mann in Badehose balanciert auf dem Surf-Brett und lacht dazu. Mit der Linken hält er den Mast und das Gleichgewicht, mit der Rechten winkt er in die Kamera.

Das Foto hat seine 14jährige Tochter gemacht. Volker Schirrmacher liebt den nassen Sport. Ob auf den Wellen des heimischen Sees oder im Urlaub in der Brandung von Mittelmeer und Atlantik. „Ich bin ein Typ, der immer rumprobiert", sagt er, „und beim Surfen kann ich immer was Neues lernen." Vor allem wenn er, von Windböen geschüttelt, mit dem Brett durch die schäumende Gischt schießt. „Es macht mir Spaß, mich mit den Naturgewalten auseinanderzusetzen", schwärmt der Steh-Segler.

Die Baggersee-Bräune ist geblichen, der Kampf gegen die unberechenbare Natur dauert an. Freizeit-Sportler Schirrmacher ringt auch im Beruf mit Elementargewalten. Mit solchen, die stärker sind als jeder Sturm und jede Woge. Er erforscht die Krankheit, die hierzulande jährlich so vielen Menschen den Tod bringt, wie bei fast 500 Jumbo-Abstürzen ums Leben kämen – Krebs. Schirrmacher arbeitet am Deutschen Krebsforschungszentrum in Heidelberg.

160 000 Bundesbürger tötet das heimtückische Leiden in jedem Jahr. Zur Jahrhundertwende war es jeder dreißigste, 1930 jeder achte, heute ist es schon jeder vierte Deutsche, der an Krebs stirbt. Alle vier Minuten einer. Jung, alt, arm, reich – jeden kann es treffen. Mit Siechtum und Krebs-Tod werden die meisten von uns einmal konfrontiert – am eigenen Leib oder bei Angehörigen. Auch in Volker Schirrmachers Familie hat die Geißel der Menschheit Opfer gefordert. „Angst vor Krebs”, sagt der Wissenschaftler, „habe ich auch.”

Es ist eng im siebten Stock des Fertigbau-Betonklotzes, in dem das Deutsche Krebsforschungszentrum in Heidelberg arbeitet, kaum ein Durchkommen. Im langen, schmalen Flur Feuerlöscher und Stapel aus Kartons, Schränke und Borde, reihenweise Tiefkühltruhen und dazwischen Zentrifugen, die Wäscheschleudern ähneln. So muß eine Arterienverkalkung in einer Blutbahn aussehen. Es riecht nach Krankenhaus. Ohne Verschnaufpause brummt die Klimaanlage. Neon leuchtet taghell von der Decke. Auf beiden Seiten des Schlauches, dort wo die Wände nicht zugestellt sind, jeweils alle zwei, drei Meter eine Tür, fast alle offen. Aus einer kurvt jemand im weißen Kittel mit einem Chrom-Wagen voller gläserner Flaschen, Kolben und Schüsseln in eine andere hinein. Dort drinnen sind die Labors. Regale, in denen sich Töpfe und Flaschen mit Flüssigkeiten und Pulvern drängen, Klimaschränke, hinter deren Glasfronten Zellkulturen in rosa Nährsuppen wuchern. Tische mit Papiertuch-Spendern, Karteikästen, Waagen, Bunsenbrennern und Glasschälchen, die auf ihren Einsatz für biochemische Analysen und Synthesen warten. Und dazwischen blicken Männer und Frauen in weißen Kitteln und hellgrünen Plastikhandschuhen in Mikroskope und füllen Pipetten an sterilen, mit einer „Dunstabzugshaube” abgeschirmten Plätzen.

Alle vier Minuten stirbt in Deutschland ein Mensch an Krebs

Hinter der geschlossenen Tür mit der Nummer 717 sitzt Volker Schirrmacher. Der Leiter der Abteilung „Zelluläre Immunologie" muß sich den Zwanzig-Quadratmeter-Raum mit einem Kollegen teilen. Die Zimmergenossen wechseln. Mal ist es ein Gast von auswärts, mal ein Doktorand aus dem Hause. Gemütlich ist das Beieinander nicht. An den Metallwänden ein Dutzend blecherner Borde für ein paar Bücher und Ordner und eine Aldi-Kaffeedose, zwei Schreibtische, denen anzusehen ist, daß eine Behörde sie genehmigen mußte. Einige Metallrohr-Stühle, ein einfacher Schrank, in dem unten eine Flasche Scharlachberg „für alle feierlichen Anlässe" steht. Daneben des Professors Straßenschuhe – im Büro trägt er weiße Plastiklatschen. Der Monitor des Personal-Computers auf dem Tisch unter dem Fenster wirkt in diesem kargen Ambiente wie ein Stück aus einer Welt von übermorgen. Hier verbringt der Professor zehn seiner täglichen zwölf Stunden Arbeit. Anschließend macht er weiter in seiner Heidelberger Altbauwohnung am „Unterer Fauler Pelz", bei Frau und zwei Töchtern.
Über dem Institutsschreibtisch hängt ein Bild von den beiden lachenden blonden Mädchen und eine seiner Einladungen, die Schirrmacher für seine Party geschrieben und verschickt hat. „Das lange Warten hat sich gelohnt. Nun haben wir etwas zu feiern", steht auf dem Din-A-4-Zettel, „und würden uns freuen, wenn Du (und Dein ‚Anhang') mit dabei wärst." Der Grund zum geplanten Feste: Beförderung. Krebs-Kapazität Schirrmacher, Besoldungsstufe C 3 – „circa 80 000 Mark Jahresgehalt brutto", sagt er nach langem Kopfrechnen –, sollte abgeworben werden. Der Professor hat einen Ruf von der Universität Essen auf eine C-4-Stelle erhalten. Weniger die zusätzlichen einige hundert Mark Monatsgehalt, vor allem die neue Aufgabe hat den Wissenschaftler gereizt: Aufbau eines immunologischen Krebsfor-

schungs-Institutes im Ruhrgebiet. Damit er der Verführung nicht erlag, hat sein Arbeitgeber in Heidelberg mitgepokert – und dem Begehrten auch eine Beförderung nach C 4 angeboten. Schirrmacher hat sich entschieden. Er bleibt. Und kämpft an dem Frontabschnitt weiter gegen den Krebs, wo die Schlacht am stärksten tobt.

Daß der Mann, der heute Forschung von Weltruf treibt, Karriere machen würde, hat dem 43jährigen mit dem zarten Gesicht und den großen blauen Augen schon früh ein Onkel prophezeit. Als der Verwandte damals den Zehnjährigen schon morgens vor der Schule Biologie-Bücher aus der nahen Stadtbibliothek im Bett lesen sah, rief er aus: „Entweder ist der verrückt, oder der wird Professor." Volker wählte den zweiten Weg.

Schon als Kind begeisterte ihn die Biologie

„In der Schule war ich keine Leuchte", sagt der Journalistensohn aus einem Dorf bei Hamburg, „aber in Biologie exzeptionell." Den Lehrer müssen Minderwertigkeitskomplexe geplagt haben, als sein Schüler lateinische Pflanzen- und Tiernamen kannte, von denen der Pauker nicht mal wußte, wie man sie aussprach. Aus Angst, daß ihr Bio-Wunderkind sozial verkümmere, schickten die Eltern den Sprößling in eine Jugendgruppe. Der Junge wurde Pfadfinder – und stromerte wieder begeistert durch Felder und Wälder. Neben der Natur hatte bei Volker, dessen Haupt damals noch mehr Haare zierten als nur der Kranz mit den blonden Locken, lediglich Musik eine Chance. Er liebt das Flötenspiel und lernt jetzt Cello. Gelegentlich musiziert er sogar zusammen mit seinen Kindern auf der Straße – „der Hut ist ganz schön voll geworden". 1978 lauschten ihm in Paris bei der Eröffnungsfeier zum Welt-Immunologen-Kongreß 5000 Fachkollegen.

Daß der junge Schirrmacher Biochemie studierte, war beinahe zwingend – damals ein ganz neues Fach, das es nur an

der Uni Tübingen gab. Die Doktorarbeit schrieb er als einer der ersten Biochemiker der Bundesrepublik an der Kölner Universität über „Immunologie", der Lehre von der körpereigenen Abwehr. Jenem System von Zellen, das den Organismus von Mensch und Tier vor Infektionskrankheiten schützt. Auf Köln folgten fünf Jahre Forschungsarbeit an Instituten in Stockholm und London, da lernte Schirrmacher „Transplantations-Immunologie und Genetik", bis 1976. Damals hat er sich am DKFZ, dem Deutschen Krebsforschungszentrum, beworben. Auf den Job, bei dem er endlich „Interesse und Verantwortung" unter einem Hut hatte.
Mitgebracht hat der Professor ins Heidelberger Institut außer Forscher-Ehrgeiz das Arbeitsklima, das er im Ausland kennengelernt hat, und das sich, so Schirrmacher, von dem „in der deutschen Universitäts-Hierarchie sehr unterscheidet". Sein siebter Stock duzt sich, macht Team-work. Beim Chef in grauer Stoffhose, blauem Pullover und blauem Hemd, der sich gelegentlich den weißen Kittel mit einer schwarz gedruckten „7" auf der Brusttasche überzieht, käme keiner auf die Idee, sich ein „00" davorzudenken. Schirrmacher könnte einer Landarzt-Serie aus dem Sonntagsnachmittags-TV-Programm entsprungen sein. Er ist immer zu sprechen, hört geduldig zu, gleicht aus. Der Immunologe ist nachdenklich, fast immer ernst, nie ironisch. Was er sagt, klingt immer durchdacht, ist vorsichtig, nie sprudelnd spontan. Weg ist der flotte Surfer-Nimbus. Wo der Professor geht, hat er die Arme, wenn er sitzt, auch noch die Beine verschränkt. Er wirkt so unauffällig, wie die Krankheit, die er erforscht, den Körper beschleicht.
Sein Büro dagegen: ein Taubenschlag. Das Telefon steht nicht still. Und pausenlos braucht einer von den 30 männlichen und weiblichen Biologen, Chemikern, Immunologen und Laboranten der Arbeitsgruppe seinen Rat. Schirrma-

cher koordiniert und leitet an. Teilt große Versuche in Teil-Experimente auf und puzzelt die Einzelergebnisse aus den Labors zum neuen Bild. Diskutiert in Seminaren und auf Tagungen mit der internationalen Fachwelt das Erforschte, steckt dann neue Erkenntnisziele. Zum Selber-Experimentieren kommt der Regisseur nur noch selten. „Der Job ist permanenter Stress, aber nicht unangenehm." Das Schirrmacher-Team ist jung: Mit seinen 43 Jahren ist der Chef der Senior.

Ein neuer Schlachtplan gegen den Killer

Drei Zimmer weiter, wo in der kleinen Bibliothek ringsum die dicken Jahrgangsbände der internationalen biochemischen und immunologischen Zeitschriften mit ihren farbigen Rücken die Wände tapezieren, ist Ruhe und mehr Platz. Die große Tafel, ein Stück Kreide, und der Professor wird zum General. Malt mit weißen Strichen auf grünem Untergrund einen kühnen Schlachtplan. Kreise oben – das sind die Angreifer. Kreise unten – die Verteidiger. Dazwischen, zackig, ein paar Pfeile. Symbolisieren die Attacken und die Abwehr. Kreise flüchten und tarnen sich. Aber die Verteidiger werden aktiviert, kriegen weiße Buchstabenkürzel. Die Strategie müßte aufgehen. Die Angreifer werden in die Flucht geschlagen werden. Der Feldherr entwirft den Kampf des Immunsystems gegen den Feind Krebs. Zelle gegen Zelle. Das ist die Arbeit von Schirrmacher und seiner Gruppe: Sie erforscht, ob nicht die körpereigene Abwehr des Menschen mit dieser schrecklichen Krankheit fertig werden könnte.

In der Regel wird sie das nämlich nicht. Obwohl es über zehn Millionen verschiedene, spezifisch ausgerüstete Immunzellen im menschlichen Körper gibt, die alle auf einen ganz bestimmten Angreifer des Organismus nur warten und mit Infektionskrankheiten wie Schnupfen und Husten, Masern und Grippe im Handumdrehen fertig werden, ist dem

Krebs kein Körper-Jäger gewachsen. Aber warum nicht? Liegt das am Immunsystem oder an der Krankheit? Wie schaffen es die Krebszellen, sich zu tarnen? Kann ihnen diese Tarnkappe entrissen werden? Gelingt es, die Spürhunde so scharf zu machen, daß die Häscher im Körper auch bei Krebs siegreich bleiben? Auf diese Fragen suchen die Wissenschaftler des siebten Stocks nach Antworten.

Schirrmacher und seine Hoffnungs-Abteilung – das sind nur dreißig von den 1200 Mitarbeitern des DKFZ. Der siebenstöckige Betonquader „Im Neuenheimer Feld 280" zählt zu den größten Krebsforschungszentren der Welt. In der Wissenschaftsfabrik, 1964 vom Direktor der Heidelberger Chirurgischen Klinik, Professor Karl Heinrich Bauer, gegründet, arbeiten heute allein 240 Wissenschaftler. Mediziner, Chemiker, Biologen, Physiker, Mathematiker und Veterinäre. Hundert davon sind Gastwissenschaftler aus über zwanzig Nationen, Zusammenarbeit mit aller Welt wird großgeschrieben: Japan, Amerika, Israel. Kooperationsprogramme mit Indien, Italien, Ungarn, China, Saudi-Arabien und Tansania sind in Vorbereitung. Krebs kennt keine Grenzen. Alle medizinischen Großgeräte, die es auf der Welt gibt – das DKFZ hat sie. Sogar einen eigenen Kernreaktor gibt es im Heidelberger Forschungsmammut, eigens damit für Diagnosen kurzlebige Radioisotope hergestellt werden können. Üppig ist auch die finanzielle Ausstattung des Zentrums. Jahresetat: 100 Millionen Mark. Das Geld blättern das Land Baden-Württemberg und der Bund im Verhältnis 1:9 in die Kasse.

In Heidelberg steht eines der größten Krebsforschungszentren der Welt

Der Aufwand scheint dem Forschungsproblem angemessen. Denn unter der Krankheit „Krebs", die so alt ist wie die Menschheit selbst, verbergen sich, so Schirrmacher, „mehr als hundert verschiedene Leiden". Solche, mit denen sich leben läßt, aber auch solche, die unweigerlich zum Tode führen. Noch vor fünf Jahren war das Übel vollkommen undurchsichtig. Doch heute wird die Krankheit langsam verständlich, denn Biochemikern ist es in den letzten Jahren gelungen, das Wissen von der lebenden Materie zu mehren wie nie in der Geschichte zuvor.

Inzwischen gibt es eine allgemein anerkannte Theorie von der Entstehung des Leidens. 60 bis 90 Prozent aller Tumore wachsen durch Umwelteinflüsse. Auslöser des ungehemmten Zellenwachstums können gewisse Viren, radioaktive Strahlen, Zigarettenrauch und Asbest sein. Mehrere hundert Chemikalien werden verdächtigt, Krebs zu erzeugen. Diese Gifte können ihr mörderisches Werk in der Zelle verrichten, weil eine jede Körperzelle den Keim der Vernichtung bereits in sich trägt – codiert in sogenannten „Proto-Krebsgenen". Normalerweise sind das völlig unauffällige Erbfaktoren im Inneren eines Zellkerns, die jedoch von den Auslösern der Krankheit in sogenannte „Onkogene", das heißt Krebsgene, verwandelt werden. Die produzieren dann – im Gegensatz zu ihrer ursprünglichen Form – zu viele, vor allem modifizierte Enzyme. Die Folge: Die Zelle artet aus. Das wird von einem Feuerwerk biochemischer Fehlregulationen, Abwehrreaktionen und Funktionsausfällen begleitet. Schließlich sind die Veränderungen diagnostizierbar: Der bösartige Tumor ist da. Das Schicksal eines Erkrankten hängt nun davon ab, wie schnell die Primärgeschwulste ihre Zellen an den übrigen Körper weitergeben und diese dann in anderen Organen zu „Metastasen" heranwachsen. Schirrmacher: „Manche Krebsarten metastasieren gar nicht; die meisten jedoch bilden Tochtergeschwülste. Die einen schneller, die anderen langsamer."

Mehrere 100 Chemikalien werden verdächtigt, Krebs zu erzeugen

Therapien gegen den Krebs sind nicht in jedem Falle aussichtslos. Im frühen Stadium kann ein Tumor oft erfolgreich rausoperiert werden. Auch radioaktive Bestrahlung vermag manche Geschwulst für immer zu zerstören und Chemotherapie die Krankheit öfter zu verlangsamen. Doch wenn Metastasen den Organismus überschwemmt haben, werden diese Waffen allzu schnell stumpf. Dann müssen Ärzte nämlich Strahlen und Chemikalien dem ganzen Körper verordnen, und die schaden nun mehr, als daß sie nützen. Deshalb suchen Forscher mit Hochdruck nach wirkungsvolleren Methoden. Wie das Heidelberger Immunologie-Team. Wenn sein Ansatz zum erhofften Ziel führte – eine ideale Therapie wäre es obendrein. Denn die körpereigene Abwehr vermag nur krankmachende Zellen zu zerstören. Der Rest des Gewebes bleibt heil.

Siebter Stock. Labor hinter verschlossener Tür. Es quiekt. Die Laborantin hat ein Exemplar von DBA/2 am Schwanz gepackt und aus dem Käfig gezogen. Daumen und Zeigefinger greifen es im Nacken. Das Tier, streichholzschachtelgroß, wird auf den Rücken gedreht, Bauch nach oben. Die Nadel der Spritze piekst ins braune Fell. Dann geben die Laborantinnenhände DBA/2 wieder frei. Greifen zum nächsten Tier. Narkose. Nach drei Minuten liegen zehn Mäuse wie tot im Sägemehl.

Im Tier-Labor der Schirrmacher-Gruppe riecht es streng wie im Zirkus. Der Raum ist fensterlos, eine Schaltuhr steuert mit künstlichem Licht den natürlichen Tages- und Nachtrhythmus nach. In den Wandregalen hängen in Reihen neben- und übereinander fahrradkorbgroße Käfige. Auf jedem Gitterdach ist eine Plastikflasche mit Wasser befestigt, daneben liegen Trockenfutter-Stangen. In den Verschlägen schlafen, fressen, saufen und putzen sich Mäuse und ein paar Ratten. Über hundert verschiedene, für spezielle Laborexperimente gezüchtete Mäusestämme gibt es. Heute ist der Stamm DBA/2 dran. Die Narkose der Nager war nötig, um die quirligen Tiere ruhig zu kriegen. Denn ein

Mauseohr ist schwer zu treffen. Die Laborantin greift einen der schlaffen Winzlinge, dann spritzt sie mit einer hauchdünnen Kanüle ins zarte Ohr. Aggressive Tumore. In zehn Tagen wird die Hälfte der Tiere sterben – an Krebs. Die andere Hälfte wird mit dem kranken Gewebe fertig werden, der Krankheit widerstehen. Wäre die Tumor-Injektion nicht ins Ohr, sondern anderswo in den Mäuseleib erfolgt, hätte das für alle Tiere das Todesurteil bedeutet.

„Ohne Tierversuche sind Fortschritte in der Medizin nicht möglich"

Im Hörorgan, so hat Schirrmachers Arbeitsgruppe festgestellt, können die Tiere die Krebszellen abwehren und sogar gleichzeitig einen langfristigen Schutz gegen weitere Geschwülste aufbauen. Die Tumor-Spritze wirkt also dort wie eine erfolgreiche Impfung gegen den bösartigen Tumor. „Wir wollen herausfinden", sagt der Professor, „warum sich dieser Stamm so gut gegen die ins Ohr gespritzten Krebszellen wehren kann. Wir wollen die immunologischen Grundlagen untersuchen." Das heißt: Das Rätsel lösen, warum es ausgerechnet im Gewebe der Lauscher funktioniert, sonst aber nicht. Schirrmacher beobachtet die Arbeit der Laborantin. Steht neben ihr mit verschränkten Armen.

„Nein, nein, keine Fotos bitte." Bilder aus dem Mäuselabor, fürchtet der Krebsforscher, könnten falsch verstandene Tierliebe anheizen. Er steht zu seinen Experimenten. Er habe sehr viel Verständnis für Tierschützer, beteuert Schirrmacher, aber ohne solche Versuche seien Fortschritte in der Medizin nun mal nicht möglich. Seine Mäuse-Experimente, das sei Schutz für Krebskranke. Und Menschenschutz gehe vor Tierschutz. „Metastasierung kann nur in intakten, lebenden Organismen ablaufen, und ein intaktes Immunsystem gibt es nur in einem Lebewesen", sagt der Professor. „Außerdem machen wir uns sehr viele Gedanken, wie wir die Zahl der Lebend-Experimente so gering wie möglich halten können." Eine hausinterne Tierschutzkommission hat jeden Antrag auf jedes einzelne Experiment geprüft.

Am Modell „Maus", sagt der Immunologe, sei es seinem Team gelungen, „aufzuzeigen, in welche Richtung erfolgreiche Krebstherapie gehen könnte". Der Professor wird ganz besonders vorsichtig. Will keine übertriebenen Hoffnungen für Krebskranke wecken. Aber dennoch über seine aufsehenerregende Entdeckung berichten und ihre Bedeutung nicht herunterspielen. Versucht die Gratwanderung.

Als Mäuse aus dem Stamm DBA/2 in einem anderen Experiment Zellen eines aggressiven Tumors in den Rücken gespritzt bekamen, war das Immunsystem machtlos. Die Geschwulst begann zu wachsen. Selbst wenn die Wissenschaftler nach etwa zehn Tagen die bösartigen Zellwucherungen rausoperierten – kurz darauf waren alle Nager tot. In den Lebern der Tiere hatten sich Metastasen gebildet.

Eine andere Mäuse-Gruppe jedoch ist nach der Tumoroperation geimpft worden: mit körpereigenen Zellen aus der entfernten Geschwulst. Bei denen war jedoch zuvor die krebserzeugende Wirkung durch radioaktive Bestrahlung ausgeschaltet worden, außerdem hatte man sie mit einem speziellen Virus behandelt. Ein Trick, der durchschlagenden Erfolg hatte: über 50 Prozent der Mäuse blieben am Leben – und kerngesund. Nun hatte die körpereigene Abwehr Killer-Zellen entwickelt, und die hatten das kranke Gewebe abgetötet.

Es war gelungen, durch eine richtig dosierte Impfung Krebs zu heilen.

Der Professor ist stolz auf dieses Ergebnis. Gerade hat er das Resultat in einer Fachzeitschrift publiziert, die Resonanz war beträchtlich und international. Schirrmacher ist überzeugt: Im Kampf gegen den Krebs ist er auf einer richtigen Spur. Auf dem Weg zum Sieg? Wann endlich kommt der

Durchbruch? Warum wird seine Entdeckung nicht längst bei Millionen von krebskranken Menschen genutzt?
Der Professor rückt den Stuhl hinter seinem Schreibtisch ein wenig zurück, kreuzt außer den Armen auch noch die Beine. Erstens, sagt er dann, müsse man wissen, warum nicht 100 Prozent der Mäuse überleben. Zweitens habe man die Erfolge bislang nur bei einer einzigen Tier-Tumorart erzielt. Und drittens seien die Erkenntnisse an den Tieren so einfach nicht auf den Menschen übertragbar. Aber doch immerhin ein deutlicher Hinweis darauf, daß es beim Homo sapiens vielleicht ganz ähnlich funktionieren könnte.
Doch es fehlt an Möglichkeiten zur Umsetzung. „Krebsforschung in Deutschland könnte besser sein", sagt Schirrmacher, „vor allem die Zusammenarbeit mit den Krankenhäusern. Wir haben dort keinerlei Rechte, sind immer nur Bittsteller." Außerdem gäbe es dort nicht mal Immunologen. „In modernen Lehrgebieten ist das Ausbildungslevel an den Kliniken oft katastrophal." Auf seinen Vortragsreisen landauf, landab, aber auch auf Tagungen in Toronto, New York oder Ostberlin, wo er seine Forschungsergebnisse in diesem Jahr vorgestellt hat, macht er auf das gewaltige Dilemma aufmerksam und wirbt für Abhilfe. Am liebsten wäre dem Immunologen eine Station mit Patienten auf dem siebten Stock. Gleich nebenan. Dann könnten sich Forscher und Ärzte „in permanenter Diskussion gegenseitig befruchten". Und manch ein Krebs-Problem wäre schneller gelöst.

„Krebsforschung in Deutschland könnte besser sein"

So wie im Keller des DKFZ. Dort arbeiten in der „Nuklearmedizin" die Wissenschaftler mit Ärzten der Chirurgischen Klinik zusammen, die nicht einmal 50 Meter entfernt liegt und zu der sogar ein unterirdischer Verbindungsgang führt. Durch den Tunnel werden Tumor-Kranke gebracht, deren Gehirngeschwülste im DKFZ mit radioaktiven Strahlen bombardiert und dort oftmals erfolgreich vernichtet wer-

den. Auch im ersten Stock des Hauses sitzt man nicht nur im elfenbeinernen Forschungsturm. Seit Juni 1986 klingelt dort das „Krebstelefon". Von montags bis freitags geben Mitarbeiter unter der Tel.-Nr. 06221-41 01 21 kostenlos Auskünfte auf alle Fragen, die mit Krebs zusammenhängen.
Dennoch: Wenn Schirrmacher morgens und abends mit dem Fahrstuhl durch die Stockwerke rauscht, kommt er an vielen Abteilungen vorbei, in denen nicht nur ohne Patienten, sondern sogar vollkommen anwendungsfern „Krebsforschung" betrieben wird. Und deshalb mußte das Haus schon jede Menge Kritik einstecken. Zwar hatte schon DKFZ-Gründer Bauer eine regelrechte Tumorklinik angesteuert, doch nicht mit dem Widerstand der Heidelberger Klinikärzte gerechnet, die um ihre Privilegien fürchteten. Dann war später ein Machtkampf im Haus entbrannt, und anwendungs- und grundlagenorientierte Forscher hauten sich auf dem Umweg über die Presse ihre Prinzipien um die Ohren. Das DKFZ geriet in die Schlagzeilen. Das Heidelberger Zentrum sei „in seiner wissenschaftlichen Tätigkeit durch ein Übermaß an Organisation und eine geradezu als chaotisch zu bezeichnende Verwaltung gelähmt".
Der Bonner Forschungsminister setzte schließlich eine internationale Expertenkommission ein, die „konkrete Empfehlungen" ausarbeiten und herausfinden sollte, „welche Forschungseinrichtungen besonders wichtige Erkenntnisse über ... Krebserkrankungen erwarten lassen", und zwar schon „in den nächsten Jahren". Das Urteil der Gutachter war vernichtend. „Wir finden", heißt es in der Expertise von 1982, "... daß ein großer Teil dieser Forschungsarbeit nicht kreativ und kaum geeignet ist, mit der schnellen Entwicklung neuer Trends Schritt zu halten." Und weiter: „Wir waren erstaunt darüber, wie wenig moderne klinische Forschung in einem so großen, angeblich multidisziplinä-

ren Institut betrieben wird." Schock am Heidelberger Zentrum – und Flucht nach vorn. Die DKFZ-Wissenschaftler verordneten sich fortan regelmäßige Forschungskontrollen und waren aus den Schlagzeilen. Und mit der Ruhe kam der Erfolg.

Auch für die Immunologen. Vor kurzem hat eine externe Wissenschaftlerkommission die Forschungsarbeit im siebten Stock unter die Lupe genommen. Das Urteil über die Qualität steht noch aus – keiner zweifelt an einem „Ausgezeichnet". Die Quantität ist jetzt schon beeindruckend. Die Liste der wissenschaftlichen Veröffentlichungen der Schirrmacher-Gruppe umfaßt über 200 Arbeiten in zehn Jahren.

Der Sieg über den Krebs läßt sich nicht mit Geld erzwingen

An Praxisnähe mangelt es – anhaltend: Fehlt es zum Durchbruch in der Krebsforschung auch an Geld? „Mit Geld", sagt Schirrmacher, „sind die Amerikaner auf dem Mond gelandet, aber sie haben es nicht geschafft, in zehn Jahren, wie angekündigt, das Krebsproblem zu lösen. Der Sieg über den Krebs läßt sich nicht mit Geld erzwingen. Was wir brauchen, sind motivierte Mitarbeiter. Motivation ist der Schlüssel zum Erfolg." Motivation hat er. Auch den Schlüssel? Er sei ein Typ, der eine Wand sehr langsam baut, Stein auf Stein, aber man kann sicher sein, daß da auch ein Haus draus wird." Sein Traum sei es, „einmal in einem Patienten das verwirklicht zu sehen, von dem wir glauben, daß es funktioniert". Und meint seine „immunologische Metastasen-Therapie".

„Für einen Wissenschaftler, der sich bemüht, eine Krebstherapie aufzubauen", sagt der Professor, „ist es frustrierend zu sehen, daß sehr viele Krebstote nicht sein müßten." Er meint die meisten der jährlichen 25 000 Lungenkrebsopfer, die allein in der Bundesrepublik qualvoll sterben. Der Zusammenhang ihres Endes mit dem Rauchen ist statistisch eindeutig. Schirrmacher entrüstet sich, daß es immer noch erlaubt ist, Tabakwerbung zu treiben, die vor allem auch noch die besonders gefährdete Risikogruppe Jugendlicher ansprechen soll. „Wenn man die Gesellschaft nur allein vom Rauchen abbringen könnte," sagt der Mann, der dem Tabak vor vielen Jahren abgeschworen hat, „würden schon mehr Menschen überleben, als wir Krebsforscher in absehbarer Zeit werden retten können."

Außer für den Ausstieg aus dem Qualm plädiert der Professor auch für den aus der Kernkraft. „Der Ausdruck Restrisiko verniedlicht eine Gefahr, die eine Katastrophe ist", sagt er. Schirrmacher ist gläubig. Der praktizierende Protestant referiert bei Krebs-Selbsthilfegruppen, unterstützt Greenpeace, sympathisiert mit der Friedensbewegung. Zum aktiven Mitmachen, sagt er, fehlt ihm die Zeit. Bei der Menschenkette von Ulm nach Karlsruhe und auf der Mainzer Gründungskonferenz „Verantwortung für den Frieden – Naturwissenschaftler warnen vor neuer Atomrüstung" war er dabei. Wer Dieter Thomas Heck ist, weiß er nicht.

Plädoyers gegen Tabakqualm und Kernkraft

Und bevor Volker Schirrmacher das Licht der 24,80-Mark-Schreibtischlampe löscht, seine graublauen Schuhe aus dem Schrank holt, die zerbeulte Kunstledertasche unter den Arm klemmt und zum Cello-Unterricht aufbricht, erzählt er die Geschichte von seiner Musterung. Er war Student im ersten Semester, da sei der Bescheid ins Haus geflattert. Die Ärzte der Bundeswehr stuften ihn nach der Untersuchung als „voll tauglich" ein. Daraufhin ist der Rekrut in spe vor die Musterungskommission der Bundeswehr getreten und hat den Männern von seinem Biochemie-Studium vorgeschwärmt. Das sei etwas ganz Tolles, was der Gesellschaft mindestens so viel nutzen würde wie der Wehrdienst. „Die haben gedacht", sagt der Professor, „der ist völlig verrückt oder er hat recht. Die haben mich laufen lassen."

Der 80jährige Physiker Ruska nimmt am Telefon Glückwünsche aus aller Welt zur Verleihung des Nobelpreises entgegen

„Spitzenforscher kann man nicht züchten"

Nobelpreisträger **Ernst Ruska**, *Erfinder des Elektronenmikroskops, zieht Bilanz*

Der Physiker Ernst Ruska vor dem Nachbau seines Elektronenmikroskops

„Spitzenforscher kann man nicht züchten"

FRAGE: Herr Ruska, als Sie 1931, also vor mehr als einem halben Jahrhundert, das erste Elektronenmikroskop entwickelten, hatten Sie zwar einen Arbeitsplatz im Hochspannungs-Institut der Technischen Hochschule Berlin, aber kein Geld. Ihr Job war unbezahlt. Wovon haben Sie damals gelebt?
RUSKA: Sehr einfach: Von der Unterstützung meiner Eltern. Damals pflegte man noch nicht mit 18 Jahren aus dem Elternhaus auszuziehen. Man war froh, wenn man zu Hause wohnen konnte, solange man studierte.
FRAGE: Aber Sie hatten doch 1931 schon Ihren Dipl.-Ing.?
RUSKA: Ja, aber noch nicht den Doktor. Den machte ich erst Anfang 1934. Danach fand ich dann auch eine Anstellung bei der Fernseh-AG in Berlin und verdiente das fürstliche Gehalt von 450 Mark im Monat.
FRAGE: Wie hieß das Thema Ihrer Doktorarbeit?
RUSKA: Die Arbeit galt der Untersuchung einer neuen Spulenform, die mit ihrem magnetischen Feld auf Elektronen wie eine Linse wirken sollte, mit der man sehr kurze Brennweiten erzielen konnte. Solche Spulen waren Voraussetzung für das neue Mikroskop. Nachdem ich dessen Urfassung abgeschlossen hatte, habe ich sofort ein zweites Gerät gebaut. Für diese Entwicklung habe ich von der Deutschen Forschungsgemeinschaft ein halbes Jahr lang monatlich hundert Mark bewilligt bekommen. Nach fünf Monaten war ich aber schon fertig und wollte das zuviel erhaltene Geld, also

hundert Mark, zurückgeben. Freundlicherweise wurde mir das erlassen. Diese 600 Mark waren die einzige öffentliche Unterstützung, die ich bei der frühen Entwicklung des Elektronenmikroskops erhalten habe.

FRAGE: Wie hat damals Ihr Arbeitsplatz ausgesehen, wie war das Institut ausgestattet?

RUSKA: Ich war ja am Lehrstuhl für Hochspannungstechnik und Elektrische Anlagen. Da gab es eine Werkstatt mit einem Meister, einem Gesellen und einem Lehrling. Die war etwa halb so groß wie mein heutiges, nicht sehr großes Wohnzimmer. Zwei Drehbänke, eine Bohr-, eine Fräsmaschine – das war schon alles. Damit haben wir unsere Apparate gebaut. Die Monats-Gehälter von Assistenten lagen damals bei 250 Mark. Aber in den Gruppen arbeiteten ja auch Studenten mit. Die bekamen natürlich gar kein Gehalt.

FRAGE: Wären Sie mit besserer materieller Ausstattung weiter gekommen?

RUSKA: Im wesentlichen beruht wissenschaftlicher Fortschritt immer auf neuen Gedanken. Die zu realisieren kostet heute in der Physik allerdings auch eine Menge Geld.

FRAGE: Hat Geldmangel Ihre Arbeit behindert?

RUSKA: Man hat sich damals darauf eingestellt, daß Geld knapp war. Man hat möglichst viel selber gemacht. Man hat sich auch bemüht, die geschicktesten Handwerker ausfindig zu machen. Da gab es in Zehlendorf zum Beispiel einen Mechaniker, der konnte Eisen und Messing vakuumdicht zusammenlöten – das beherrschte damals längst nicht jeder. Selbstverständlich habe ich dann sämtliche Werkstücke für meine neuen Spulen nach Zehlendorf zu diesem Mann getragen. Das alles hat den Staat oder die Hochschule kaum Geld gekostet, die Löhne waren ja auch sehr niedrig damals. Insgesamt waren die finanziellen Möglichkeiten damals, verglichen mit den heutigen, äußerst gering. Aber es ging auch so. Die größten Entdeckungen sind ja häufig mit den einfachsten Mitteln gemacht worden. Was glauben Sie, was die Hahnsche Apparatur gekostet hat, mit der die Kernspaltung nachgewiesen worden ist? Sicher keine tausend Mark!

FRAGE: Heute existieren ja üppig ausgestattete Wissenschaftsfabriken. Glauben Sie, daß sich darin Spitzenforscher „züchten" lassen?

RUSKA: Nein. Schon gar nicht durch Förderung nach dem Gießkannen-Prinzip. Es gibt Menschen, die dafür geeignet sind, und andere, die ungeeignet sind.

FRAGE: Sie haben während Ihrer Laufbahn viele Kollegen kennengelernt, die „Spitze" waren. Was zeichnet ihn aus, den Karajan der Forschung?

RUSKA: Weitgehende Einspännigkeit und eine gewisse Verachtung für die materiellen Begleitumstände des Lebens. Der Spitzenforscher muß jemand sein, dem es nicht so wichtig ist, wie gut er ißt, wohnt oder sich kleidet. Er muß einfach besessen sein von seiner Sache. Das ist zu meiner Zeit so gewesen, und das ist heute sicher nicht anders.

FRAGE: Gibt es diesen seltenen Typus in der Industrie genauso wie an der Universität oder im Max-Planck-Institut?

RUSKA: Nach meinen Erfahrungen – ja. Der Forscher in der Industrie ist manchmal allerdings effektiver, dann jedenfalls wenn seine Arbeit mit Werkstatt-Tätigkeit verzahnt ist. Das hängt schon mit der Anwesenheitsdisziplin zusammen und dem Zwang in der Industrie, Fertigstellungstermine einzuhalten. Den gleichen Druck gibt es in den reinen Forschungslabors ja nicht.

FRAGE: Man denkt doch das genaue Gegenteil: Forscher, zumal Grundlagenforscher, brauchen nicht Zwang, sondern Freiheit.

RUSKA: Ich habe zwanzig Jahre in der Industrie gearbeitet –

bei Siemens und Halske – und zwanzig Jahre in einem Forschungs-Institut der Max-Planck-Gesellschaft. Meine Erfahrung: Wenn der Leiter einer Forschungsabteilung morgens um die gleiche Zeit kommt wie seine Werkstatt-Leute, dann flutscht es einfach besser, als wenn er erst um halb zehn Uhr erscheint. Ich habe „meinen Genius" immer gezwungen, schon ab halb acht zu funktionieren.

FRAGE: Heißt das: Weniger großzügige Spielwiesen à la Max-Planck-Gesellschaft? Mehr Effizienz-Kontrolle à la Industrieforschung?

RUSKA: So weit will ich nicht gehen. Aber das Drängen auf Erfolg hat schon seine Berechtigung. Wissen Sie, in meiner Siemens-Zeit saß ich in der Kantine immer mit einem der leitenden Kaufleute zusammen, und jeden Mittag hat er mich mit der Frage genervt: ‚Na, Herr Ruska, haben Sie schon geliefert?' Damals unterstand mir nämlich auch die Abnahme der Mikroskope, und mein Tisch-Nachbar erwartete, daß jeden Monat mindestens ein Mikroskop abgerechnet wird. Wenn da aber nun irgendwo in diesem Mikroskop ein Stäubchen sitzt und von Elektronen getroffen wird, dann wird es aufgeladen, und das Instrument produziert kein scharfes Bild; man kann es also nicht freigeben. Nun erzählen Sie so was mal einem Kaufmann, der hauptsächlich seine Bilanzen im Kopf hat? Entweder glaubt er's nicht, oder er hält's für Schlamperei. Der denkt doch, die Physiker sollen gefälligst so entwickeln, daß so ein Stäubchen nicht diesen Einfluß hat. Den hat's aber nun mal, das ist physikalisch einfach so. Solche Auseinandersetzungen sind völlig unfruchtbar und nur ärgerlich. Aber eine positive Seite hatte das Ganze auch. Ich lebte damals geradezu mit dem Vorsatz: Du mußt Siemens nicht nur beweisen, daß das mit dem Elektronenmikroskop geht, sondern auch, daß es ein Geschäft wird.

FRAGE: Sind Sie selbst reich geworden durch Ihre Erfindung?
RUSKA: Nein. Aber ein wenig habe ich dann auch profitiert am geschäftlichen Erfolg. Aus Unerfahrenheit hatten mein früherer Mitarbeiter Max Knoll und ich eine ganze Menge Ergebnisse einfach veröffentlicht, ohne entsprechende Patente anzumelden. Aber etwas später habe ich mit meinem Studienfreund Bodo von Borries dann doch noch ein wesentliches Patent angemeldet. Das haben wir gegen eine Lizenzgebühr von 2590 Mark für jeden von uns an Siemens verkauft.
FRAGE: Sie haben ja Glück gehabt – Ihre Erfindung ist nie mißbraucht worden. Andere Kollegen hatten es da schwerer. Wie verantwortlich ist der Forscher für die Folgen seiner Forschung?
RUSKA: Auch das Elektronenmikroskop kann mißbraucht werden – wie alles. Es könnte ja beispielsweise eingesetzt werden, um todbringende Bakterienstämme zu züchten, die dann massenhaft ausgesetzt werden, um das Brunnenwasser irgendeines Feindes zu vergiften. Wie soll ich das als Forscher beeinflussen? Alles können Sie immer auch zum Schlechten verwenden. Es ist furchtbar, aber es ist so.
FRAGE: Gibt es in der Wissenschaft kein Ethos mehr?
RUSKA: Nachdem damals die große Forschungsanstrengung der Amerikaner zur Atombombe geführt hatte und diese dann nicht mehr in den Händen der Forscher blieb, sondern in die der Militärs gelangte, hat Otto Hahn unter anderem in Deutschland versucht, einen moralischen Appell an die Wissenschaftler der Welt zustande zu bringen. Sein Ziel war, daß die Forscher die Verantwortung für das, was sie machen, in der Hand behalten. Damals habe ich das für sehr vernünftig gehalten. Nachdem ich heute weiß, wie amerikanische Wissenschaftler über dieses Thema denken, kann ich Hahns Gewissensnot zwar verstehen, diesen Versuch

aber nur als unrealistisch bezeichnen. Viele Kollegen gerade in Amerika, aber auch in der Sowjetunion und anderen Ländern sagen doch klipp und klar: wir kriegen die Aufträge von der Kriegsindustrie. Sie dienen unserer Verteidigung. Wir akzeptieren sie deshalb, und wir müssen ja außerdem von irgendwas leben. Die denken doch gar nicht daran, eine Haltung einzunehmen, wie sie Hahn damals als Verpflichtung vorschwebte.

FRAGE: Nach der Atombombe kam ja noch einiges: Seveso, Waldsterben, Tschernobyl, Rheinvergiftung – bringt die Wissenschaft die Menschheit noch voran?

RUSKA: Wenn ihr Mißbrauch nicht abgestellt wird, bringt sie die Menschheit auch in Gefahr. Was heißt denn überhaupt „voranbringen"? Wollen wir hier etwa noch komfortabler leben?

FRAGE: Aber wie soll sich ein Forscher verhalten, wenn überhaupt noch nicht absehbar ist, wofür oder wogegen seine Erkenntnisse irgendwann einmal angewendet werden?

RUSKA: Es gibt keinen Ausweg aus diesem Dilemma. Denken Sie nur an die lächerliche Diskussion nach Tschernobyl, ob man „menschliche Fehler" verhindern könne. Als einige Politiker das für möglich hielten, habe ich zu meiner Frau gesagt: diese Leute können niemals mit technischen Problemen zu tun gehabt haben. Sonst wüßten sie, daß es völlig unmöglich ist, menschliche Fehler auszuschließen – schon gar nicht in so großen Organisationen, wie sie Kernkraftwerke oder gar eine Nasa darstellt. Als ich mich seinerzeit zu meinem Beruf entschloß, da war der Glaube an den Fortschritt der Technik noch unangekränkelt, und ich als junger Mann habe mich ihm mit Begeisterung gewidmet. Als ich später nach dem Krieg meinen inzwischen erwachsenen Kindern raten sollte, ob sie Naturwissenschaften studieren sollten oder nicht, da war ich sehr im Zweifel.

FRAGE: Dürfen sich Forscher noch den Luxus erlauben, unpolitisch zu sein?

RUSKA: Heute, glaube ich, nicht mehr.

FRAGE: Herr Ruska, Ihre Zeit war eine große Zeit für die Physik – ganz besonders die deutsche. Das Elektronenmikroskop, das Synchrotron, die Kernspaltung – deutsche Physik hatte Weltruf. Wie steht sie heute da?

RUSKA: Der Aderlaß durch Weltkrieg und Emigration war so fürchterlich, daß er bis jetzt noch nicht überwunden ist. Wir tasten uns erst allmählich wieder an die Weltspitze heran.

FRAGE: Gibt es Forschungen oder Forschungsbereiche, die Sie mit besonderer Hoffnung erfüllen?

RUSKA: Es gibt nur Forschungsbereiche, die ich für fundamental wichtig halte. Vor allem Forschungen, die dem Ersatz von Kernenergie dienen. Ich bin einfach der Meinung, daß wir die Kernenergie ersetzen müssen, weil ich überzeugt davon bin, daß sich menschliche Fehler nie vermeiden lassen. Es ist doch lächerlich, wenn man denkt, woanders könne vielleicht eine Katastrophe passieren, nur bei uns nicht. Ebenso lächerlich sind all diese Energiebedarfs-Hochrechnungen, bei denen nie ernsthaft an Einspar-Möglichkeiten gedacht wurde. Dahinter stecken doch massive wirtschaftliche Interessen.

FRAGE: Wie klingt für Sie heute das vornehme alte Forscher-Motto ‚Wage zu wissen!'?

RUSKA: Da sind wir wieder bei der Frage, was dann aus dem Wissen wird, das man gewagt hat. In welche Hände gerät es? Was machen die daraus?

FRAGE: Besonders hoffnungsvoll entlassen Sie uns nicht in die Welt von morgen?

RUSKA: Nein. Wirklich nicht.

FRAGE: Und die Kämpfer für die Zukunft, für das Gute in der Welt – wo sehen Sie die?

RUSKA: Wissen Sie, ich habe einen Sohn, der arbeitet für „amnesty international" und für die weltweite Durchsetzung der Menschenrechte. Ich finde es anerkennenswert, und ich wage deshalb kaum, ihm zu sagen, für wie hoffnungslos ich sein Bestreben halte.

FRAGE: Gar kein Funken vom Prinzip Hoffnung?

RUSKA: Wenn Ernst Bloch am Ende sein Leben überblickt hat, wird er auch nicht viel Anlaß für Hoffnung gefunden haben. Ein Buch mit seinem Titel könnte ich jedenfalls nicht schreiben.

Anhang

Die Etats, die Arbeitsplätze, die Ziele bundesdeutscher Forschung

Das Milliardending. Forschung in Deutschland ist ein Milliarden-Unternehmen. Im Jahre 1985 gaben Bund, Länder und Wirtschaftsunternehmen für Forschung und Entwicklung 51,67 Milliarden Mark aus. Das sind 2,8% des Bruttosozialprodukts. 1979 waren es noch 35,53 Milliarden Mark. Den Löwenanteil dieser Kosten trug die Wirtschaft mit über 30 Milliarden. Ein Viertel, mehr als 13 Milliarden, bezahlte der Bund, 7,6 Milliarden teilten sich Länder und Gemeinden.
Etwas anders sehen die Zahlen aus, wenn man betrachtet, wer die insgesamt zur Verfügung stehenden Gelder ausgibt. Hier ist die Wirtschaft der Forscher Nr. 1 mit fast 37 Milliarden, rund 70% aller Ausgaben, und einer kontinuierlichen Steigerung gegenüber den Vorjahren. Rückläufig dagegen der Anteil der Hochschulen. Sie forschten 1985 nur für 7,2 Milliarden, was 13,8% des gesamten Forschungsetats entspricht. Der Beitrag staatlicher und privater Institute blieb nahezu unverändert. Hier wurden 13,3% der Gelder ausgegeben oder 6,9 Milliarden Mark.

Mehr Krieg als Frieden. Erwartungsgemäß finanziert das Bundesministerium für Forschung und Technologie den größten Teil der staatlichen Forschung, 57,5%. Noch drei weitere Bonner Ministerien sind maßgeblich an der Forschung beteiligt und setzen hier Ziele. Das Bundesverteidigungsministerium investierte 1984 knapp zwei Milliarden Mark in die Bereiche der Wehrforschung und -technik, 17% des Forschungsetats des Bundes. Für 1986 waren 2,6 Milliarden veranschlagt. Die Bundesministerien für Wirtschaft sowie für Bildung und Wissenschaft hatten zusammen

16,9% der Forschungskosten zu tragen. Die verbleibenden 8,6% verteilten sich auf die anderen Ressorts.

Im zivilen Bereich wurde die Energieforschung und -technologie am stärksten gefördert: 2,324 Milliarden Mark war dieser Bereich 1984 wert, mit sinkender Tendenz. Größter Einzelposten blieb, allerdings abnehmend, die Atomenergie-Forschung. Auch sinkend, die Ausgaben für alternative Energiequellen (1984 noch 220,9 Millionen gegenüber 1,59 Milliarden für die „harten" Energien). Einzig die Ausgaben für die Erforschung der Kernfusion stiegen (1984 von 157,8 auf voraussichtlich 177,2 Millionen Mark im Jahre 1986).

Der zweite große Ausgabenbereich waren die Neu- und Ausbauten der Hochschulen mit 1984 etwa 1,4 Milliarden Mark, 14,7% vom Gesamtetat. Weitere Schwerpunktbereiche der bundesdeutschen Forschungspolitik waren 1984 die Weltraumforschung (665,1 Millionen, steigende Tendenz), die Umwelt-, Klima- und Sicherheitsforschung (524,1 Millionen, steigende Tendenz) und die Ausgaben für die Grundlagenforschung. Beispiele sind der Forschungsreaktor am Hahn-Meitner-Institut, das Forschungsschiff „Meteor", der Röntgensatellit ROSAT, der Beschleunigerring für Elementarteilchen HERA – mit insgesamt 760,6 Millionen. Unter „ferner liefen" das Programm „Humanisierung des Arbeitslebens" mit rund 100 Millionen und Forschungen im Bereich der Geistes-, Wirtschafts- und Sozialwissenschaften mit rund 200 Millionen Mark. Friedens- und Konfliktforschung sind – wendekonform – forschungspolitisch kein Thema. Nur 7 Millionen Mark waren sie 1984 Bund und Ländern wert. Der berühmte Tropfen im Vergleich zum warmen Zwei-Milliarden-Regen für die Wehrforschung.

Verstärkt investierten auch Länder und Gemeinden in Forschung und Entwicklung. Im Jahre 1983 waren es rund 6,9 Milliarden Mark, ein Plus gegenüber 1979 von 16,4%. 1985 wird die Gesamtsumme wohl auf 7,6 Milliarden angewachsen sein. Spitzenreiter sind Nordrhein-Westfalen, Baden-Württemberg und Bayern. Das meiste Geld floß in die Hochschulen, doch auch der Länderanteil an den Kosten der Forschungseinrichtungen stieg und lag 1983 schon bei rund 22% der Gesamtkosten.

Die Forscher-Syndikate. Drei Namen, ohne die in Sachen Forschung in der Bundesrepublik (fast) nichts läuft: Max-Planck-Gesellschaft, Deutsche Forschungsgemeinschaft und Fraunhofer-Gesellschaft.

Die Max-Planck-Gesellschaft (MPG), am 11. Januar 1911 als „Kaiser-Wilhelm-Gesellschaft zur Förderung der Wissenschaften" gegründet, signalisiert mit ihrem Namen Größe und Hoffnung bundesdeutscher Forschungspolitik im Bereich Grundlagenforschung. In ihren über das ganze Bundesgebiet verstreuten Instituten und Forschungseinrichtungen – mit deutlichem Schwerpunkt im Süden der Republik – wird zu allem geforscht, was deutscher Wissenschaft zu altem Glanz verhelfen soll. Die 60 Max-Planck-Institute wurden 1985 von Bund und Ländern mit 802 Millionen Mark gefördert. Der Gesamtetat im gleichen Jahr belief sich auf 878 Millionen und gab 4378 Wissenschaftlern und Forschern Lohn und Brot. Eine Schwerpunkt-Neugründung war das 1986 eingeweihte „Institut für Polymerforschung" (Kunststoff-Forschung) in Mainz.

Die Deutsche Forschungsgemeinschaft (DFG) ist die Hoffnung aller an den Hochschulen tätigen Forscher. Die DFG wurde am 22. Juli 1920 als „Notgemeinschaft der Deutschen Wissenschaft" gegründet und behielt diesen Namen bis 1951. Sie unterstützt Forschungsvorhaben, fördert den Nachwuchs, berät Parlamente und Behörden in wissenschaftlichen Fragen und pflegt neben internationalen Kontakten auch die Zusammenarbeit von Forschung und Wirtschaft. 1985 flossen aus ihrem Etat von 948 Millionen Mark etwa 90% als Fördermittel in die Hochschulen.

Die Fraunhofer-Gesellschaft mit Hauptsitz in München, am 26. März 1947 auf Initiative des damaligen Staatssekretärs im bayrischen Wirtschaftsministerium und mit Wohlwollen der amerikanischen Besatzer gegründet, vereinigt 34 Institute, vorwiegend in Süddeutschland. Sie betreibt Vertragsforschung, entweder für Wirtschaftsunternehmen oder für das Bundesministerium der Verteidigung. Der Etat 1985 betrug rund 356 Millionen Mark. 1515 Forscher und Techniker waren in diesem Jahr beschäftigt. Forschungsschwerpunkte waren Werkstoff- und Bauteilverhalten und Produktionsautomatisierung.

Die Leute von DKFZ, DESY und UBA. 1983 konnten 379 543 Menschen von den Forschungsgeldern leben, zu je einem Drittel als Wissenschaftler, als technisches Personal, als „Sonstige". Die meisten Forscher beschäftigte die Wirtschaft – 1983 waren es 81 867 Personen. An den Hochschulen arbeiteten 30 600 Wissenschaftler, an den Forschungsinstituten waren es 20 049. Ihre Gesamtzahl steigt. Größter Arbeitgeber aller in Forschung und Entwicklung Tätigen war 1983 der Stahl-, Maschinen- und Fahrzeugbau (86 136 Personen), gefolgt von der Elektrotechnik (76 038) und der chemischen Industrie (54 833).
Die bundesdeutschen Forscher, die nicht an den Hochschulen arbeiten, sind zum größten Teil in Großforschungseinrichtungen beschäftigt wie dem DESY in Hamburg, dem Deutschen Krebsforschungszentrum (DKFZ) in Heidelberg oder dem Hahn-Meitner-Institut für Kernforschung in Berlin. Hier waren es 1985 insgesamt 19 417 Personen in den Bereichen Naturwissenschaften (14 056), Ingenieurwissenschaften (4289) und in der Medizin. Die 60 Max-Planck-Institute hatten im gleichen Jahr 7989 Beschäftigte – 5202 Naturwissenschaftler, 1674 Mediziner und, in kleinerer Zahl, Ingenieure, Agrar-, Geistes- und Sozialwissenschaftler.
An den Staatsinstituten wie dem Umweltbundesamt (UBA), der Bundesforschungsanstalt für Fischerei und der Bundesanstalt für Arbeitsschutz waren 16 601 Personen beschäftigt, die meisten in den Naturwissenschaften (6076) und den Agrarwissenschaften (4849). Die Fraunhofer-Gesellschaft hatte 1985 einen Personalstamm von 2823 Personen, fast alle in den Natur- und Ingenieurwissenschaften. Dazu kamen die überwiegend im geisteswissenschaftlichen Bereich Tätigen in Bibliotheken, Museen und kleineren Forschungsinstituten.

Wer wird Forscher? Eine Antwort gibt die Aufstellung der 1984 erfolgreich bestandenen Examen. An der Spitze aller Diplomprüfungen standen 1854 Pharmazeuten, gefolgt von Chemikern (1672, rund 400 mehr als noch Mitte der 70er Jahre), Physikern und Astronomen (1539, ein Wiederanstieg auf etwa den Stand von 1976), Biologen (1494, mit stetem Anstieg), Mathematikern (1031, konstant seit 1980) und Informatikern (788, ein Jahr zuvor noch 600). Schlußlicht bildeten die 688 diplomierten Geowissenschaftler. Bei den insgesamt 8068 Ingenieuren mit Diplom standen 1984 die Maschinenbauer und Verfahrenstechniker mit 3017 (1983 waren es noch rund 2500) und die Elektrotechniker mit 1993 (1983 erst 1800) an der Spitze. Am Ende der Skala: 23 diplomierte Nautiker und Schiffstechniker.

Angst der Frauen oder Angst vor den Frauen? Frauen scheinen vor naturwissenschaftlichen Disziplinen Angst zu haben. Das belegen die Zahlen. Zwar hat der Frauenanteil in den Naturwissenschaften 1984 den Durchschnitt aller Studiengänge von 38,1% fast erreicht, doch ist die Verteilung höchst unterschiedlich. In der Physik waren 1984 nur 8% aller Studierenden Frauen, in der Mathematik 30%, in der Chemie 32% und in der Biologie, einem klassischen Frauenfach, sogar 51%. Ihr Anteil im Maschinenbau mit 5% und in der Elektrotechnik mit 3% war nach wie vor unbedeutend. Und in einem Fach wie Informatik, mit großen Arbeitsmarktchancen, lag der Anteil der diplomierten Frauen bei nur 14,5% und die Entwicklung war sogar in diesem Jahr rückläufig. Wer ist nun daran schuld? Bei einer Befragung von Marburger Studenten der Mathematik und Naturwissenschaften erfuhren die Autoren Brämer und Nolte, daß sich die angehenden männlichen Wissenschaftler oft schüchtern und gehemmt fühlten, kontaktarm waren und relativ uninteressiert an zwischenmenschlichen Beziehungen. Der „typische" männliche Naturwissenschaftler hat offensichtlich besondere Probleme mit Frauen. Die Wissenschaft ist seine Burg – in ihr findet er Schutz vor allen Verunsicherungen durch das andere Geschlecht. Und er kommt mit ihnen nur in einer klaren Hierarchie zurecht: als Assistentin, Laborantin, Sekretärin, technische Zeichnerin – als Untergebene. Schon die Erziehung in der Schule stellt die Weichen. Während die Jungen die Natur beherrschen wollten, an der Technik und der damit verbundenen Macht interessiert waren, suchten Mädchen in der Natur nach Schönheit, nach den sozialen Zusammenhängen. So ist nach einer Untersuchung des Bundesbildungsministeriums von 1982 die naturwissenschaftlich interessierte Frau überproportional an Themen wie Umweltschutz, alternativen Energien und Naturkunde interessiert. Ihr fehlt jede Fortschritts- und Technikgläubigkeit. So sind es auch eher die Frauen, die sich während ihres Studiums politisch betätigen und sich jenseits ihrer akademischen Fachdisziplin engagieren.

Die unkündbaren „Greise". Unsicher in die 90er Jahre – so muß die Antwort lauten, fragt man nach den Berufschancen und -möglichkeiten von Mathematikern, Ingenieuren und Naturwissenschaftlern. Nobelpreise hin, Hochkonjunktur her: wissenschaftlicher Nachwuchs im „Land der Wende" hat es schwer. Die heftige Expansion der Hochschulen Mitte der 60er Jahre bis Anfang der 70er Jahre hat heute zur Folge, daß die Stellen in Lehre und Forschung mit „jungen" Professoren – Durchschnittsalter 50 Jahre – besetzt gehalten werden. Bis zur Pensionierung. Besonders hart hat es die Gesellschaftswissenschaften getroffen, doch auch die Naturwissenschaften blieben nicht verschont. Unsere Hochschulen sind verstopft. Die jährliche Regenerationsrate, die eigentlich 4% betragen müßte, liegt laut Wissenschaftsrat zwischen 1,3 und 1,7%. Die Wissenschaft an den Universitäten vergreist – unkündbar. Zur Zeit arbeiten an den insgesamt 238 bundesdeutschen Hochschulen etwa 34 000 Professoren. Ihnen stehen 38 300 wissenschaftliche Mitarbeiter, 4800 Assistenten und rund 3100 Lehrkräfte zur Seite. Und seit an den Hochschulen der Personalzufluß gestoppt ist, gibt es auch an den Max-Planck-Instituten und sonstigen Forschungseinrichtungen kaum Fluktuation.

Genie und Alltag: Berufschancen und -risiken von Mathematikern, Naturwissenschaftlern und Ingenieuren

Die freie Wildbahn. Doch wie sieht es auf dem sogenannten „freien" Arbeitsmarkt heute aus? Die gegenläufige Entwicklung von Angebot und Nachfrage bei Geistes- und Sozialwissenschaftlern einerseits und Natur- und Ingenieurwissenschaftlern andererseits hat sich Anfang der 80er Jahre weitgehend ausgeglichen. Von 1981 bis 1983 stiegen die Arbeitslosenzahlen auch bei den Ingenieuren, den Physikern und Mathematikern. 1982 hatte deren Arbeitslosenzahl sogar die alte Rekordmarke von 1976 übertroffen. Inzwischen sehen die Zahlen der Bundesanstalt für Arbeit in Nürnberg wieder besser aus. Naturwissenschaftler konnten sich Ende Juni 1986 auf insgesamt 1100 offene Stellen bewerben, 46% mehr als noch vor einem Jahr. Die Zahl der Bewerber lag mit 9900 zur Jahresmitte 1986 geringfügig unter der des Vorjahres. Die Zentralstelle für Arbeitsvermittlung (ZAV) in Frankfurt konnte im ersten Halbjahr 1986 schon 860 Naturwissenschaftler vermitteln, 39% mehr als im Vorjahr. Ingenieure waren im gleichen Zeitraum überall in der Wirtschaft stark gefragt. Ende Juni 1986 waren bei der ZAV 11 600 offene Stellen für Ingenieure aller Fachrichtungen gemeldet, 19% mehr als im Jahr zuvor. Die Zahl der Bewerber ging um 13% auf 21 300 zurück. Am häufigsten wurden Elektroingenieure gesucht, vor allem für Aufgaben in den weiter expandierenden Bereichen der Daten- und Informationstechnik. Die große Nachfrage nach Ingenieuren der Elektrotechnik sowie des Maschinen- und Fahrzeugbaus konnte nicht immer befriedigt werden.

Gestiegene Nachfrage auch bei Chemikern und Chemie-Ingenieuren. Die chemisch-pharmazeutische Industrie suchte verstärkt Nachwuchskräfte für die Forschung und Entwicklung, teilweise auch für die Produktion. Mit dem weiteren Ausbau der Daten- und Informationstechnik erhöhte sich der Bedarf auch an

Physikern und Mathematikern, sofern sie in Informatik fit waren. Biologen haben es da schwerer. Gesucht werden nur wenige Spezialisten, die Zahl der Bewerber stieg aber weiter an. Viele der Arbeitssuchenden scheuen im Gegensatz zu Chemikern den Sprung in die Wirtschaft und hoffen, so die Beobachtungen der Arbeitsmarktforscher Dietze und Maly von der ZAV, auf ein Wunder im öffentlichen Dienst. Doch Wunder dauern bekanntlich etwas länger.
Voraussagen für den Arbeitsmarkt Anfang der 90er Jahre lassen sich schwer treffen. So werden sich beispielsweise, bedingt durch die mindestens siebenjährige Studiendauer bis zur Erlangung des Diploms an wissenschaftlichen Hochschulen, die Diskussionen um den Mangel an Ingenieuren erst 1987/88 auswirken. Nach vorsichtigen Prognosen geht man von einer Verdoppelung des Angebots an Ingenieuren und Naturwissenschaftlern Ende der 80er Jahre aus. Unklar bleibt, ob dieses Angebot angenommen wird: Unsicher in die 90er Jahre.

Biologie. Die klassische Biologie befaßte sich mit den Lebewesen und ihren Lebensäußerungen. Doch innerhalb der ursprünglichen Teilgebiete Botanik, Zoologie, Mikrobiologie und Anthropologie haben sich durch die Komplexität der Fragestellungen und vielfältigen neuen Methoden selbständige „Biowissenschaften" entwickelt: Molekularbiologie, Zellbiologie und Physiologie, die sich in enger Anlehnung an die Biochemie und Biophysik mit den prinzipiellen Vorgängen in Zellen, Organen und Organismen auseinandersetzen. Die Ethologie beschäftigt sich mit dem Verhalten der Tiere, die Ökologie mit den Wechselbeziehungen zwischen Lebewesen und Umwelt. Einige Biowissenschaften haben ihre Bedeutung durch zukunftsträchtige Anwendungsmöglichkeiten gewonnen wie zum Beispiel die Biotechnologie, Gentechnologie, Pharmakologie und Ökotoxologie.
Biologen haben unter der anhaltenden Arbeitslosigkeit und dem faktischen Einstellungsstop im öffentlichen Dienst stärker als andere Naturwissenschaftler zu leiden. Zudem gibt es unter Bio-

logen, so die Zentralstelle für Arbeitsvermittlung (ZAV), große Berührungsängste der Industrie gegenüber. Nur etwa 4% der Biologen sind dort beschäftigt. Zukunftschancen liegen in den Bereichen Biotechnik und Ökologie, und hier wird die Industrie in den nächsten Jahren verstärkt Biologen einstellen. Die chemisch-pharmazeutische Industrie sucht besonders für die Bereiche Verkauf und Marketing Biologen mit Berufserfahrung.
Biologen im öffentlichen Dienst erhalten ein Anfangsgehalt zwischen brutto 3000 und 4000 Mark im Monat, abhängig von den jeweiligen Ortszuschlägen. In der chemischen Industrie, wo es für die fünf Anfangsjahre eine tarifliche Absicherung gibt, liegen die Gehälter 1987 zwischen 58 300 Mark im ersten und 76 900 Mark im fünften Berufsjahr.

Chemie. Die Chemie erforscht die Eigenschaften der Stoffe, indem sie ihren Aufbau – meist handelt es sich um chemische Verbindungen – qualitativ wie quantitativ analysiert und ihre Umsetzungen erklärt. So lassen sich auch neue, nicht naturgegebene Stoffe synthetisieren. Neben der organischen und anorganischen Chemie hat sich die Chemie der Kunststoffe, der Polymere, als Forschungs- und Anwendungsbereich mit Zukunft entwickelt. Die physikalische Chemie umfaßt jenen Zweig der Chemie, der besonders stark mit physikalischen Verfahren arbeitet oder die chemischen Bindungskräfte mit den Gesetzen der Atomphysik erklärt. Für die chemische Industrie, etwa bei der Produktion von Dünger- oder Pflanzenschutzmitteln, bildet die Verfahrenstechnik eine der wichtigen technisch-wissenschaftlichen Grundlagen. An der Grenze zur Biologie steht die Biochemie, zur Medizin die Pharmazie, zu den Agrarwissenschaften die Agrikulturchemie. Lebensmittelchemie befaßt sich mit der Chemie der Nahrungsmittel sowie ihrer Zusatzstoffe und Gifte, aber auch mit Verpackungsmaterialien und kosmetischen Mitteln.
Gerade in den Zukunftsbereichen Biochemie, Polymer-Chemie und in Bereichen mit breiter instrumentalanalytischer Erfahrung werden von der Industrie verstärkt Fachleute gesucht. Die Indu-

strie ist mit weitem Abstand größter Arbeitgeber. Hier waren von den insgesamt 26 000 beschäftigten Chemikern rund 75% in den Bereichen Forschung und Entwicklung sowie in Verkauf und Marketing beschäftigt. Ihnen gelang es bislang als einziger Gruppe unter den Naturwissenschaftlern, auch verstärkt in leitende Positionen zu kommen. Dabei kommen ihnen dann neben betriebswirtschaftlichen und verwaltungstechnischen Kenntnissen auch Erfahrungen im Marketing zugute.

Von den 1016 im Jahr 1985 promovierten Chemikern fanden nach Angaben der Gesellschaft der Chemiker 569, das sind 62%, eine Anstellung in der chemischen Industrie. 1981 waren es nur 48% gewesen. 11% gingen an die Hochschulen, der Rest fand eine Anstellung im Ausland, in anderen Branchen oder im öffentlichen Dienst.

Die Zukunftschancen sind nach wie vor gut – aber: Die Arbeitslosigkeit unter Chemikern mit abgeschlossenem Hochschulstudium hat sich seit 1980 mehr als verdoppelt. Ende 1984 wurden nach Angaben der ZAV 2000 arbeitslose Chemiker gezählt. Über die Hälfte von ihnen war unter 35 Jahre.

Der Anteil der Frauen steigt weiter: Ende 1985 waren es bei der Promotion 18,5%, bei den Diplomen 29,4% und bei den Vordiplomen schon 33,1%.

Geowissenschaften. Hierunter fallen alle jene Wissenschaften, die die Erde als Ganzes zum Gegenstand haben: Die Geophysik befaßt sich mit der Physik des Erdkörpers einschließlich seines Magnetfeldes. Die physikalischen Veränderungen auf der Oberfläche und in der Atmosphäre behandelt die Meteorologie, ebenso die Wettervorhersage und die Verfolgung von Klimaschwankungen. Die Ozeanographie befaßt sich mit der Physik der Meere; die Geologie befaßt sich mit der Entwicklung und dem Aufbau der Erdkruste. Datierungsmittel sind einerseits versteinerte Pflanzen und Tiere, andererseits radiometrische Zeitmessungen. Mineralogie und Petrographie erforschen und beschreiben den chemischen und kristallographischen Aufbau der Gesteine. Im Grenz-

bereich von Mineralogie und Geologie hat die Lagerstättenkunde besondere Bedeutung für den Bergbau.
Die zahlenmäßig unbedeutenden Geowissenschaftler sind überall dort tätig, wo es um die Erforschung der Erde und die Nutzung ihrer Rohstoffe geht. Das können staatliche Forschungseinrichtungen sein, aber auch und vor allem Konzerne, die in der Grundstoffindustrie tätig sind: im Bergbau, in der Erdölgewinnung, bei der Gewinnung nichtmetallischer Werkstoffe. Von den 1985 bei der ZAV in Frankfurt als Arbeitssuchende gemeldeten 2620 Geowissenschaftlern, einem Anstieg von 6,6% gegenüber dem Vorjahr, konnten nur 199 vermittelt werden – immerhin aber fast 50% mehr als noch 1984.

Informatik. Unsere Gesellschaft wandelt sich von einer Dienstleistungs- in eine Informationsgesellschaft. Nach neueren Erhebungen werden in den westlichen Industrienationen bald 50% der Beschäftigten Informationen sammeln, speichern, bewerten und verteilen.
Informatik lehrt die systematische Informationsverarbeitung – insbesondere mit Hilfe von Computern. Sie erforscht die Möglichkeit der Informationsverarbeitung und die Anwendung in verschiedensten Bereichen. Daraus entwickelt sie Vorschläge für die Praxis.
Der Beruf des Informatikers ist Veränderungen unterworfen. Jetzt noch getrennte Ausbildungsbereiche wie Kommunikationstechnik, Nachrichtentechnik, Informatik und Computerwissenschaften werden zur Telematik zusammenwachsen. Die Bundesanstalt für Arbeit in Nürnberg unterscheidet im Berufsfeld Datenverarbeitung folgende Gruppen: die Kernberufe mit den Bereichen Organisation, Systemanalyse und Programmierung; das Operating, also die Bedienung der Anlagen, die Vorbereitung der Rechnerläufe, die Kontrolle und die Nachbereitung; schließlich die Mischformen zwischen konventionellen und Computerberufen: Vertriebs- und Ausbildungstätigkeiten, Wartung der Hardware, Datenschutz als Beispiele.

Nach einer Prognose der Gesellschaft für Informatik werden 1990 rund 5% aller Beschäftigten Datenverarbeitungsspezialisten sein und weitere 15% erweiterte Kenntnisse in Datenverarbeitung benötigen, also insgesamt etwa 5 Millionen Arbeitnehmer. Informatik gibt es an Fachhochschulen und Universitäten als Diplomstudiengang, als reine Informatik oder als angewandte Informatik, etwa Wirtschafts-, Ingenieurs-, Rechts- oder Medizin-Informatik. Berufschancen sind um so größer, je mehr praktische Erfahrungen und andere Studienkenntnisse die Bewerber mitbringen.
Informatik ist bisher kein Frauenberuf. Derzeit sind 13% der Beschäftigten Frauen, aber in der Gruppe der 25jährigen sind es schon 25% und bei den 21jährigen steigt der Frauenanteil auf 50%.

Ingenieurwissenschaften. Die klassischen Ingenieurwissenschaften haben sich längst spezialisiert. Bildet das Maschinenbaustudium immer noch die Basis, so bauen darauf mittlerweile andere Studiengänge auf: Druckereitechnik, Fahrzeugtechnik, Feinwerkertechnik, Kern- und Reaktortechnik, Luft- und Raumfahrttechnik, Produktionstechnik, Schiffstechnik, Textiltechnik, Verfahrenstechnik, Versorgungstechnik, Werkstoffwissenschaften, Kunststoff- und Papiertechnik.
Die anderen „klassischen" Bereiche sind das Bauingenieurswesen und die Elektrotechnik. Die Nachfrage nach Bauingenieuren – zumeist von öffentlichen Verwaltungen oder Bauunternehmen – ist den konjunkturellen Schwankungen des Baugewerbes stark unterworfen. Ende 1985 standen den 490 bei der Zentralstelle für Arbeitsvermittlung gemeldeten offenen Stellen 5650 Bewerber gegenüber. Und eine Trendwende war nicht in Sicht. Elektrotechniker müssen sich diese Sorgen nicht machen. Ihre Berufsaussichten in der elektronischen, feinmechanischen und optischen Industrie, bei Bundespost und Bundesbahn sind rosig. Berufsanfänger mit den Studienschwerpunkten Industrieelektronik, Nachrichtentechnik, Daten- und Informationstechnik haben sehr gute Chancen.

Ähnliches läßt sich unter den nach Angaben des Vereins Deutscher Ingenieure (VDI) rund 600 000 Ingenieuren auch von den Absolventen in Feinwerktechnik, in Produktionstechnik (wo es um Produktionsvorbereitung, -entwicklung und -kontrolle geht) und den Chemie-Ingenieuren sagen. Arbeit finden sie mit ihren Kenntnissen und Fähigkeiten in rund der Hälfte der Industrieunternehmen, in den Bereichen Mineralöl, Glas, Keramik, Kunststoffe, Dünger, Herbizide, Nahrungs- und Genußmittel, Pharmazeutika oder Kosmetika. Nach einer Trendanalyse für 1980 bis 2000 werden die in der Produktion und Wartung Tätigen, gemessen an der Gesamtzahl der Beschäftigten, um 6,1% abnehmen, während es im Bereich Forschung und Entwicklung einen Zuwachs in allen Branchen von durchschnittlich 4,6% geben wird. Einzig der Dienstleistungssektor zeigt im Zeitraum dieser zwanzig Jahre ähnliche Zuwächse: von 14% auf 17,6%.

Ein weiterer Bereich mit Zukunft sind die Werkstoffwissenschaften. Die hierin ausgebildeten Ingenieure sollen nach neuen Werkstoffverbindungen und ihrer industriellen Anwendung forschen. Materialuntersuchung ist ein Schwerpunktbereich bundesdeutscher Forschungspolitik. Ein Gesamtprogramm über zehn Jahre, bis 1994, ist mit 1,1 Milliarden Mark vom Bundesforschungsminister dotiert. Eine Spezialisierung mit fraglicher Zukunft ist der Ingenieur für Kern- und Reaktortechnik. Daneben gibt es aber auch noch die Studiengänge des „Diplomingenieurs Technischer Umweltschutz" und des „Diplomagraringenieurs Fachrichtung Umweltsicherung und Entwicklung ländlicher Räume".

Die Anfangsgehälter diplomierter Ingenieure lagen 1986 zwischen 3800 und 4100 Mark, die der graduierten Ingenieure um etwa 400 Mark niedriger. Höhere Gehälter werden nach einer Erhebung des VDI von 1986 in Vertriebs- und Produktionsfunktionen gezahlt, deutlich weniger in Projektierung/Montage und Entwurf/Konstruktion. Spitzenbranchen sind die chemische und die Fahrzeugindustrie.

Mathematik. Die Hauptgebiete der Mathematik sind Algebra, Zahlentheorie, Analysis, Geometrie, Topologie, Mengenlehre sowie mathematische Grundlagenforschung. Die reine Mathematik befaßt sich mit abstrakten Strukturen und deren Beziehungen. Die angewandte Mathematik überträgt diese Beziehungen auf numerische Gebiete und auf die Erfahrungsbereiche der Natur- und Ingenieurwissenschaften, der Wirtschafts- und Sozialwissenschaften. Dort hat die Mathematik als Wirtschaftsmathematik beziehungsweise als Statistik Bedeutung erlangt. Bei der Technomathematik geht es darum, mathematische Modelle für technische Probleme zu erstellen und auszuwerten. Die strukturelle Zusammenfassung früher isolierter Gebiete durch übergreifende Theorien ist Hauptanliegen der (reinen) Mathematik. Die methodische Erfassung neuer Anwendungsbereiche mit Hilfe von Computern ist der Schwerpunkt der (angewandten) Mathematik. Hier berühren sich Mathematik und Informatik.
Dort, wo sich diese beiden Wissenschaftsbereiche in der Praxis überschneiden, wird es schwierig für den diplomierten Mathematiker. Gründliche Kenntnisse in Datenverarbeitung sind unabdingbar für den Einstieg ins Berufsleben. Wie schwer er geworden ist, zeigt die wachsende Zahl arbeitsloser Diplommathematiker: von 200 im Jahre 1978 stieg ihre Zahl auf 500 im Jahre 1982 und fast 700 Ende 1984. Das Gros der Stellenangebote für Mathematiker kommt heute aus der Computerbranche, und hier haben auch nur praxiserprobte Mathematiker eine Chance.
Der Wettbewerb zwischen Informatik und Mathematik spiegelt sich auch in den Studentenzahlen wider: Waren es im Wintersemester 1975/76 noch 43 000 Mathematik-Studenten, so sank ihre Zahl auf 29 800 (1981/82), während die Zahl der Informatikstudenten im gleichen Zeitraum von 6000 auf 16 400 stieg. Insgesamt geht die Bundesanstalt für Arbeit von etwa 16 000 erwerbstätigen Mathematikern aus, zumeist in den „klassischen" Bereichen der Versicherungswirtschaft und der Statistik. Nach Angaben der Zentralstelle für Arbeitsvermittlung (ZAV) suchen die meisten Mathematiker nach wie vor eine Anstellung in Schule, Hoch-

schule oder Forschung. Und das, obwohl sie gerade auf Arbeitsplätzen von Informatikern, Betriebswirten oder Ingenieuren bei entsprechender Qualifikation überlegene Bewerber wären.
An Hochschulen, Gymnasien oder an Fachschulen unterzukommen, ist heute so gut wie unmöglich. Gelingt es dennoch einem Bewerber, so liegt das mittlere Anfangsgehalt bei BAT IIa. Das Einstiegsgehalt in der freien Wirtschaft liegt zwischen 3500 und 4000 Mark.

Pharmazie. Die Wissenschaft von den Arzneimitteln reicht von ihrer Gewinnung, Herstellung, Wirkung, Prüfung auf Reinheit, Identität und Gehalt bis hin zur sachgemäßen Zubereitung. Neben einer Tätigkeit als selbständiger oder angestellter Apotheker hat der Pharmazeut auch die Möglichkeit, in der Industrie zu arbeiten. Die Kompliziertheit großtechnischer Verfahren verlangt dabei eine enge Zusammenarbeit zwischen Pharmazeuten, Medizinern, Biologen, Chemikern und Technikern.
Ende 1985 waren laut Bundesvereinigung Deutscher Apothekerverbände etwa 31 000 Personen in Apotheken beschäftigt, davon rund 53% Frauen; 1166 arbeiteten in Krankenhäusern, 4300 in Wissenschaft, Industrie und Verwaltung. Diejenigen, die neben dem Pharmazie-Studium auch noch andere Kenntnisse, etwa die der Chemie, mitbringen, haben in der Industrie sehr viel bessere Laufbahnchancen. Hier verdienen Pharmazeuten, nach Tarif, im ersten Berufsjahr 55 800 Mark, nach fünf Jahren 73 600 Mark. Danach wird frei vereinbart und nach Leistung bezahlt. Promotion wird als ein Berufsjahr anerkannt.

Physik. Wie kaum eine andere Wissenschaft hat die Physik unsere moderne Welt mitgeprägt. Genaue Messungen der unmittelbar oder im Versuch beobachteten Naturerscheinungen ermöglichen es, das Naturgeschehen auf zahlenmäßige Beziehungen (Experimentalphysik) und mathematisch formulierte Gesetzmäßigkeiten (theoretische Physik) zurückzuführen. Das hat zu einer fortschreitenden Erkenntnis und – durch technische Anwendung ihrer Erkenntnisse und Methoden – zur Nutzbarmachung der Natur geführt (angewandte Physik). Infolge des hohen Mathematisierungsgrades der theoretischen Physik ist die Mathematik wichtigste Hilfswissenschaft des Physikers. Astrophysik bildet als physikalische Erforschung der Himmelskörper und des Weltraums einen Schwerpunkt der Astronomie. Geophysik und Biophysik suchen mit physikalischen Methoden Antworten auf Fragen der Geologie und Biologie. Auch im Bereich der Materialkunde spielt die Physik eine wichtige Rolle.

Nachwuchsphysiker haben nach Angaben der Zentralstelle für Arbeitsvermittlung (ZAV) überall dort Chancen, wo sie mit entsprechenden Spezialkenntnissen Tätigkeiten von Informatikern und Elektroingenieuren übernehmen, etwa bei Computerherstellern und -anwendern, bei Softwareproduzenten oder in der Systempflege und Anwendungsberatung. Stark gefragt sind nach Angaben der ZAV auch Fachleute im Bereich der Meßtechnik, bei der Qualitätskontrolle elektronischer Geräte, in der Werkstoffkunde, der Materialforschung und der Beschichtungstechnik. Für besondere Forschungsaufgaben werden Spezialisten der Optik und Lasertechnik gesucht. Die Berufschancen bewertet die Zentralstelle insgesamt als positiv: Physiker gehören zu den sogenannten „Zentral- oder Kernberufen".

Zur Zeit gibt es etwa 42 000 erwerbstätige Physiker. Der Anteil der Frauen bei den Studienanfängern steigt. Dank der verstärkten Nachfrage aus der elektrotechnischen Industrie und der EDV-Branche wurde 1985 ein Rückgang der Arbeitslosigkeit um 23% auf 670 Personen gemeldet. Rund 19 000 Physiker arbeiten in der Industrie oder in nicht hochschuleigenen Forschungseinrichtungen. Das Jahreseinkommen der Physiker in der Industrie liegt höher als im öffentlichen Dienst. Nach Erhebungen der Frankfurter ZAV verdient ein Drittel von ihnen 60 000 bis 69 000 Mark, ein Viertel 70 000 bis 79 000 Mark, 20% liegen bei 80 000 bis 89 000 Mark, ein weiteres Viertel über 90 000 Mark im Jahr.

Die Übersicht stellte Klaus Humann zusammen

Mit Informationen halfen Frau Dr. Rost im Bundesministerium für Forschung und Technologie; die Pressestellen der Deutschen Forschungsgemeinschaft und der Fraunhofer-Gesellschaft; Dr. Karl Maly von der Zentralstelle für Arbeitsvermittlung (ZAV) in Frankfurt; Dr. Manfred Tessaring vom Institut für Arbeitsmarkt- und Berufsforschung in Nürnberg; die Gesellschaft Deutscher Chemiker; Dr. Schlösser vom Verein Deutscher Ingenieure; Frau Gladies vom Statistischen Bundesamt in Wiesbaden; Hans-Jürgen Block und seine Übersicht zu Studium und Arbeitsmarkt von Ingenieuren und Naturwissenschaftlern; die Untersuchung „Wer hat Angst vor wem? Frauen und Naturwissenschaften” von Rainer Brämer und Georg Nolte.

Peter Sandmeyer, geboren am 19.7.1944 in Luckenwalde, studierte Philologie und Politologie und promovierte mit einem theaterwissenschaftlichen Thema. Nach dem Studium arbeitete er für Rundfunk und Fernsehen in Berlin.
Seit 1981 arbeitet er als Reporter für den STERN und ist Co-Autor des STERN-Buches „Rettet den Boden".

Horst Güntheroth, geboren am 1.7.1949 in Eschwege, studierte Mathematik und Physik und promovierte in theoretischer Physik. Seit 1979 arbeitet er als Wissenschaftsjournalist. Zunächst schrieb er für „bild der wissenschaft", die „Frankfurter Rundschau" und „Die Zeit". 1981 wurde er Redakteur beim STERN. Er ist Autor des STERN-Buches „Die Nordsee".

Fotovermerke: S. 6/7: Stern-Archiv; S. 24/5, 26, 26/7, 28, 28/9, 30: Harald Schmitt; S. 46/7, 48/9: Hanns-Jörg Anders; S. 50: NASA; S. 51: Hanns-Jörg Anders; S. 52 oben: Naval Research Laboratory Photography; S. 52 unten: bild der wissenschaft; S. 52/3: Eduard Penkala; S. 54, 54/5, 56: Hanns-Jörg Anders; S. 74/5, 76, 77, 78/9: Harald Schmitt; S. 80: Monica Polasz; S. 81: Schering AG; S. 82: Harald Schmitt; S. 100/1: Hanns-Jörg Anders; S. 102, 102/3. 103: Stern-Archiv; S. 104, 104/5, 106 oben, 106 unten: Hanns-Jörg Anders; S. 166/7: Ric Gemmel; S. 108, 126/7; Hanns-Jörg Anders; S. 128: NASA; S. 128/9: Hanns-Jörg Anders; S. 130, 130/1, 132/3: NASA; S. 134 oben, 134 unten, 134/5, 136, 154,5: Hanns-Jörg Anders; S. 156: Peter Thomann; S. 157: Stern-Archiv; S. 158: Franco Zehnder; S. 158/9: Hanns-Jörg Anders; S. 160: Klaus Meyer-Andersen; S. 161 oben, 161 unten: Hanns-Jörg Anders; S. 162 oben, 162 unten: Schirrmacher; S. 178/9 Thomas Meyer; S. 184: FAZ; S. 206: Stern-Archiv.

Von denselben Autoren sind erschienen:

Horst Güntheroth: Die Nordsee. Portrait eines bedrohten Meeres. 224 Seiten mit 17 Farbfotos. 24,80 Mark

Peter Mayer/Michael Seufert (Hrsg.): Rettet den Boden. Autoren: Peter Sandmeyer u.a. 320 Seiten, mit zahlreichen Farb- und S/W-Fotos. 24,80 Mark